U0170509

电气与电子工程技术丛书

不同电磁力分布特性的电磁成形新原理与方法

邱立 常鹏 苏攀 张骁等 著

国家自然科学基金项目

耦合冷却式柔性电磁成形技术电磁-热-结构耦合问题与材料成形性能研究（51877122）

轴向压缩式管件磁脉冲胀形电磁结构耦合机理及材料成形性能研究（51507092）

科学出版社

北京

版权所有，侵权必究

举报电话：010-64030229，010-64034315，13501151303

内 容 简 介

电磁成形是一种利用脉冲电磁力实现金属材料加工的高速成形技术。因其在轻质合金加工领域具有巨大潜力，美国能源部、欧盟框架计划、中国国家重点基础研究发展计划等相继资助电磁成形技术。本书从电磁成形过程中电磁力的形成与分布特点出发，建立电磁成形过程动态电磁结构耦合模型，明确电磁成形过程中的电能与动能的相互转换关系；同时根据加工对象不同，阐述三线圈轴向压缩式管件电磁胀形、双线圈和单线圈轴向压缩式管件电磁胀形、基于凹型线圈的管件电磁胀形、双向加载式管件电磁翻边等新技术。

本书可供从事电磁成形研究、设计、生产和使用的科研人员、工程技术人员、科技管理人员使用，尤其可作为从事电磁成形研究的电气工程技术人员的参考书。

图书在版编目（CIP）数据

不同电磁力分布特性的电磁成形新原理与方法/邱立等著. —北京：科学出版社，2020.7

（电气与电子工程技术丛书）

ISBN 978-7-03-065674-2

Ⅰ.①不… Ⅱ.①邱… Ⅲ.①电磁成型—研究 Ⅳ.①TG391

中国版本图书馆 CIP 数据核字（2020）第 123055 号

责任编辑：吉正霞/责任校对：高 嵘
责任印制：张 伟/封面设计：苏 波

科 学 出 版 社 出版
北京东黄城根北街 16 号
邮政编码：100717
http://www.sciencep.com
北京凌奇印刷有限责任公司 印刷
科学出版社发行 各地新华书店经销
*
2020 年 7 月第 一 版 开本：787×1092 1/16
2021 年 8 月第二次印刷 印张：11 1/4
字数：283 000
定价：78.00 元
（如有印装质量问题，我社负责调换）

Preface
前　言

　　航空航天、汽车工业等先进制造领域亟须构建一种清洁、高效且具备国际竞争力的关键制造技术形成前沿突破。电磁成形技术因其高速、柔性、绿色等特点完美契合时代需求而具有显著优势。基于此,国家重点基础研究发展计划"多时空脉冲强磁场成形制造基础研究"得到资助,期望通过该技术实现轻质合金在航空航天、汽车工业等领域的广泛应用,提高我国高端成形加工技术水平。这一项目带动国内电磁成形技术跨越式发展,涌现出多种新型电磁成形技术,解决这一技术的某些共性问题。

　　本书主要阐述基于不同电磁力分布特性的电磁成形新原理与方法。作者及其团队成员近年来针对电磁成形技术存在的问题进行了较为深入的研究,提出多种新型电磁成形技术解决现有技术存在的问题。例如,现有管件磁脉冲胀形,通常仅采用径向电磁力单向加载,导致工件壁厚减薄、强度降低,无法满足现代工业对高强度、高性能零件的需求。为此,本书采用径向电磁力与轴向电磁力同时加载的施力方式,创新地提出轴向压缩式管件磁脉冲胀形方法。又如,轴向压缩式管件磁脉冲胀形虽然为工件提供了径向与轴向双向加载,但其径向电磁力存在端部效应,导致工件胀形时两端变形量明显小于工件中部,严重时还会导致工件容易压扁、畸形。为了解决这一技术问题,本书通过改进主线圈结构提出基于凹型线圈的轴向压缩式管件磁脉冲胀形,可消除或减弱径向电磁力端部效应,使工件变形更加均匀,进一步提高工件成形性能。再如,现有电磁翻边工艺过程中电磁力分布特性与翻边工艺的力场要求不匹配,导致成形性能差,严重影响了这一技术的工业化应用进程。为此,本书提出通过加载轴向电磁力实现胚料轴向弯曲变形、加载径向电磁力实现胚料径向拉伸变形,首次构建轴向-径向电磁力分时加载式电磁翻边技术。本书所阐述的基于不同电磁力分布特性的电磁成形新原理与方法,为电磁成形的发展与应用提供更多的思路与支撑。

　　本书主要依据作者的教学科研成果而成,内容共分为6章。第1章简要介绍电磁成形的潜在优势及发展现状;第2章阐述电磁力的形成及分布特点;第3章阐述三线圈轴向压缩式管件电磁胀形;第4章阐述双线圈和单线圈轴向压缩式管件电磁胀形;第5章阐述基于凹型线圈的管件电磁胀形;第6章介绍双向加载式管件电磁翻边。

本书第 1 章由邱立、曹全梁撰写；第 2 章由曹全梁、邱立、苏攀撰写；第 3 章由肖遥、邓奎、范雨薇、何晨骏、张无名撰写；第 4 章由杨新森、李智、田茜、王成林撰写；第 5 章由余一杰、易宁轩、田金鹏、张望、王斌撰写；第 6 章由李彦涛、张龙、黄李阳、王于東、陈伟撰写。

　　由于作者水平有限，书中难免有一些不足之处，恳请读者提出宝贵的批评与修改意见，我们由衷地感谢各位读者的建议和意见。

作　者

2020 年 4 月

Contents
目　录

第1章

绪　论

1.1 电磁成形的潜在优势

轻量化是航空航天和汽车等领域提高运载器件承载极限能力、实现节能减排的重要技术手段[1]。例如，飞机机体减重 5 kg，可增加飞机有效商载 50 kg；远程导弹结构减重 1 kg，可增加射程 100 km；汽车减重 10%，可降低油耗 8%，减少碳排放 13%。而实现轻量化的关键是采用轻合金材料[2]。高性能铝合金、钛合金和镁合金是现代航空航天装备提高结构承载能力极限的首选材料。我国大飞机和大运载火箭结构重量的60%～80%拟采用铝合金、钛合金构件，其中大量零件为壳体类零件。汽车车身约占汽车总重量的30%，若采用铝合金覆盖件可使整车重量减轻10%～15%，因此采用铝合金车身也是汽车行业的重要发展趋势[3]。然而，铝合金板在室温下成形塑性较低，局部拉延性不好，容易产生裂纹，回弹较大，采用传统的加工工艺进行加工，效果并不理想。例如，某航天用铝质方盒零件，采用拉深成形时，需要 5 次拉深，期间还需退火工艺消除加工硬化，生产周期长，成本高，且质量不稳定。在汽车铝车身的成形制造中，目前主要采用热态液力成形或超塑性成形，成形工艺复杂，成形时间长，对铝合金材料的制备技术要求高，这导致制造成本高，难以在汽车车身中推广应用。除此之外，航空航天等领域大型壳体零件上，通常还存在大量的局部凸起、孔等局部成形要求，如宇航服上的凸耳和结构孔等，这些局部形状的成形不仅受材料本身成形性能的影响，同时还受到模具等工装结构的限制，目前主要采用机加工和焊接等方式制造，这导致产品性能和质量控制难度大，产品的成品率低。因此，轻合金类工件电磁成形技术的研究，在解决我国航空航天和汽车等领域工程需求问题上具有重要的科学意义和现实意义。

电磁成形技术是一种利用洛伦兹（Lorentz）力使金属工件快速成型的加工技术，整个成形过程为毫秒级，成形速度一般超过 300 m/s[4]，其原理图如图 1.1 所示。该技术通过电容器电源对驱动线圈放电，在驱动线圈内产生强大的脉冲电流，与此同时在金属

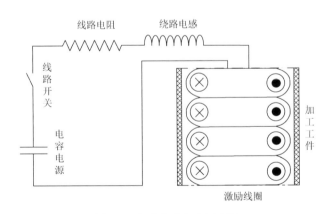

图 1.1 电磁成形电路原理图

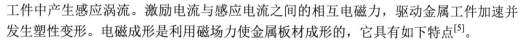

工件中产生感应涡流。激励电流与感应电流之间的相互电磁力，驱动金属工件加速并发生塑性变形。电磁成形是利用磁场力使金属板材成形的，它具有如下特点[5]。

（1）在脉冲电磁力作用下，工件在瞬间获得很大的加速度和动能实现成形。

（2）脉冲电磁力强度可准确控制，易于实现机械化和自动化。

（3）电磁成形以磁场为介质向板材施加载荷力，没有机械接触，成形件表面质量高。

电磁成形属于快速成形技术，研究表明，当材料的变形速度达到一定程度后，很多金属材料的成形性能会得到大幅度提高，金属材料的这种特性被称为超塑性（hyper plasticity）[6]。

电磁成形技术作为一种高能率成形方法，与传统加工方法相比优点是：①显著提高金属的成形极限；②改善加工时的应变分布；③减少起皱等[7]。与其他高能率成形（爆炸成形和电液成形等）相比，电磁成形具有生产效率高和工艺重复性好等优点[8]。

电磁成形在加工领域具有诸多优势，目前成为轻质合金成形及微成形领域的研究热点。开展电磁成形基础理论和试验工艺研究，推动电磁成形技术在材料成形行业的应用，可提升我国轻合金材料加工工艺的水平。

1.2　电磁成形的发展现状

早在 20 世纪 20 年代，卡皮查（Kapitza）在做脉冲磁场试验时发现，产生脉冲磁场的金属线圈易发生胀破[9]。1958 年，哈维（Harvey）和布劳尔（Brower）首次把这种效应用于金属成形，并申报了专利，这标志着电磁成形技术的诞生[10]。

1998 年，在先进技术计划（Advanced Technology Program，ATP）的支持下，美国德纳公司研究出了铝合金-钢双金属汽车驱动轴电磁连接技术[11]，对降低汽车构件重量有明显效果。2001 年，美国能源部启动了“铝合金板材电磁成形”项目，由福特、通用和克莱斯勒等单位共同研发铝合金板材电磁成形技术[12]。2007 年，美国俄亥俄州政府启动 PEMFC 双极板的快速制造技术研究项目，由 Trim 公司和俄亥俄州立大学等组成团队专门进行金属双极板电磁成形快速制造工艺的研究[13]。

2001 年，在欧盟第五框架的资助下，由沃尔沃和多特蒙德工业大学等多家单位合作，开展了汽车领域的管材和板材电磁成形技术研究[14]。项目期望通过该项技术能减轻汽车重量、减少有害气体排放量，达到节能环保的效果。在萨克森州联邦开发银行的资助下，德国大众公司、西门子电气公司和夫琅和费成形工艺与装备研究所联合进行了面向制造的板材电磁成形技术研究，拟解决成形设备、线圈、工艺、EMAS 技术和数值模拟等关键问题[15]。在德国研究基金会的支持下，多特蒙德大学成形技术与轻量化结构研究所进行了“板料电磁成形机理”项目的研究工作[16]。

在国内，中国科学院电工研究所于 20 世纪 60 年代率先开展了电磁成形研究，但是在 60 年代中期到 70 年代中期中断[17]。70 年代末，哈尔滨工业大学开始电磁成形设备和基础工艺理论研究,并在 1986 年成功研制了我国首台电磁成形机[18]。截至目前,哈尔滨工业大学已经研制出了多台不同能量等级(最高 50 kJ)和用途的单机设备,用于工艺试验和生产,但尚未形成系列化;武汉理工大学也研制出了 WG 系列低电压电磁成形设备[19]。自 90 年代中期以来,西北工业大学、北京机电研究所和华中科技大学等单位陆续开展了电磁成形的相关研究[20]。2011 年,以华中科技大学牵头组织申报的国家重点基础研究发展计划"多时空脉冲强磁场成形制造基础研究"获批准立项,这标志着我国电磁成形技术进入一个新的发展阶段[21]。

电磁成形是一项多学科交叉技术,目前学者的研究领域包括电磁成形设备、驱动线圈、加工工艺和仿真模拟等方面。

1.2.1 电磁成形设备

电磁成形电源系统装置属于高功率(吉瓦级)、短脉冲(微秒级)、高电压(千伏级)、大电流(千安级)设备,存在强电磁力和高温升等问题。美国的 Magneform 公司致力于电磁成形装置研发,已拥有多套 Magneform 系列设备,其单机电源容量最高为 36 kJ。

在国内,哈尔滨工业大学开发了国内第一套电磁成形机,实现了最高装机容量为 50 kJ 的电磁成形设备[22]。武汉理工大学也拥有最大容量为 50 kJ 的 WG 系列低电压电磁成形设备[23]。

1.2.2 驱动线圈

在电磁成形线圈方面,各国学者主要研究如何使成形线圈提供更好的磁场位形,提高线圈与工件之间的耦合效率,因而出现了大量各式各样的新型成形线圈结构[24]。

根据线圈的几何形状,Furth 等指出了单层单匝线圈、单层多匝线圈、多层单匝线圈和多层多匝线圈四种不同的圆柱线圈[25],其中单层多匝线圈通常用于管件成形,多层单匝线圈常使用于板材成形。但是,Daehn 等指出,电磁板材成形的线圈种类不局限于这四种线圈[26],于是出现了 3-bar 线圈、椭圆形线圈、弯曲型线圈、方型线圈和矩形线圈等各种板材成形线圈。Manish 等设计了一种新型线圈,称为匀压力线圈[27],解决板材成形线圈电磁力不均的问题。实际加工中,由于部分板材工件为空间曲面,传统平板线圈已无法加工这类工件,为此,Psyk 等根据工件的实际曲面特性,设计了 3D 线圈的结构与工件匹配,通过减小线圈与工件之间的距离,增大线圈与工件之间的电磁力[28]。

按照线圈的加工方式分类,驱动线圈主要包括切割式线圈和绕线式线圈两种。切割式线圈加工存在很大的灵活性,理论上可根据实际工件加工出任意形状的线圈[29]。Beerwald 等指出,可通过设计切割式线圈的匝间间距,控制线圈的电磁力分布[30]。绕线式线圈则是用一定截面的导线(通常自带绝缘),使用绕线机将其绕制成线圈。

切割式线圈的特点：①通过控制线切割机，理论上可以得到各种异形线切割线圈，以适应不同形状的工件成形；②加工过程中材料变形小，该线圈基本无初始塑性应变；③但需要在完成切割以后另加绝缘，每匝之间需预留较大的间距，导致磁场分布不够均匀；④线圈匝数一般不多，仅 10 匝左右，电感为 1～10 μH，与线路电感为一个数量级，导致其电能利用率不高；⑤切割线圈导体截面一般较大，趋肤效应严重；⑥由于采用数控切割，其加工成本较高；⑦对于平面螺旋线圈，切割式线圈很难实现层间加固。

绕线式线圈的特点：①采用绕线机间距控制，能实现密绕型线圈，使磁场分布更加均匀；②当线圈总体几何尺寸一定时，通过改变导线类型（截面长宽参数）可实现线圈匝数的控制，以设计合理的线圈电感电阻；③容易实现线圈的层间加固，线圈强度得到提高；④由于绕制过程中工件发生变形，线圈内存在内应力。

综合比较切割式线圈与绕线式线圈，本书采用绕线式线圈，因为它容易加固，强度和寿命都优于切割式线圈。

线圈强度是线圈重要的性能指标之一，工作时线圈应承受电磁力而不发生变形。Golovashchenko 等指出，线圈强度取决于加固材料的强度，而不是导体材料的强度。基于该思想，他设计出了寿命长达 50 000 次的驱动线圈[31]。同时，他们还分析了线圈失效的原因，发现线圈破坏通常在线圈内层几匝导体层[32]。

1.2.3　加工工艺

与传统成形技术相比，电磁成形能提高成形极限，加工工序减少，能减少产品周期和模具成本[33]。根据工件不同，电磁成形主要分为电磁管材成形和电磁板材成形两种加工工艺。

电磁管材成形方面，加工工艺相对成熟。Murakoshi 等研究了 A6063TD 的电磁管件压缩工艺，其成形形状主要取决于放电电压和模具槽的形状尺寸[34]。Zhang 等研究了六边形管件（JISA1050 铝合金）的局部电磁压缩焊接[35]。Hashimoto 等通过改变芯轴上的 V 形槽几何形状，研究了铝管（JISA1050TD）的电磁压缩变形，并采用高速相机记录了工件的变形过程，与仿真进行了对比分析[36]。Eguia 等指出，残余应力状态和焊接处的结构是影响电磁管件焊接性能的两大因素，为此，他们采用了螺纹和滚花式芯轴进行管件焊接，焊接工件的轴向和扭转强度均得到提高[37]。Barreiro 等测试了电磁焊接管件在周期载荷下的疲劳性能，研究表明，周期载荷幅值与管件寿命呈线性关系：当载荷为 12 kN 时，管件寿命大约 2 万次；当载荷为 7 kN 时，管件寿命增加到 50 万次[38]。为改进轻质合金的加工，Psyk 等结合了传统滚弯、电磁压缩和液压成形技术加工一汽车配件，并验证了该方法的可行性[39]。

在电磁板材成形过程中，工件速度的分布以及工件与模具之间的碰撞对工件的成形效果影响很大。为此，Risch 等通过设计模具形状和材料，以避免工件发生反弹[40]。Zhang 等采用带兼容层的电磁成形技术加工燃料电池双极板，这种方法加工精度高，可实现快速重复加工，在工业应用上很有潜质[41]。PST 股份有限公司的 Schäfer 和 Pasquale 提出了以电磁压缩技术加工碰撞盒（crash box）。在成形过程中，芯轴棒同时充当切割模具，实现冲孔加工[42]。同时，他们还指出，电磁成形要实现工业化，还需解决线圈寿命、系统参数的优化、提高产品生产率及降低产品成本等关键问题[43]。Kamal 等研究了电磁成形在压印工艺中的应用，他们采用铜和铝压印获得的图案，宽度只有 1 μm，填充性非常好，突起没有任何断裂。研究表明，采用多脉冲放电成形效果更佳，可提高工件贴膜性。他们还采用电磁预成形与电磁矫形相结合的方法，研究了手机外壳的成形工艺[44]。

近年来，将传统的冲压成形与局部电磁成形结合在一起，出现了板材电磁辅助成形技术[45]。辅助成形时，首先采用传统冲压对工件进行最大限度的预成形，加工工件中容易成形的部分；然后采用嵌入模具中的线圈对预成形工件上的尖角、复杂变形和尺寸精确度高的部位进行电磁成形。该技术结合了电磁成形与传统成形的优势，使大型难成形金属件的成形成为可能。

在国内，哈尔滨工业大学的李春峰教授课题组分析了电磁管材胀形的磁场及电磁力分布，对铝合金筒形件进行了多位置分段校形加工，同时，将电磁成形技术应用于异种金属连接[46]。武汉理工大学的黄尚宇等阐述了轴向电磁力对成形性能和变形的影响[47]。华中科技大学的莫健华等研究了管件电磁成形中工件的温度变化，研究表明，在放电能量一定的条件下，管件温度随放电脉宽的减小而升高[48]。陆辛采用电磁成形方法，压印了一个五角星凹槽，成形件的质量较好，精度较高[49]。在高速成形时，材料发生绝热剪切，摩擦力比低速成形时小，这种情况对因尺寸减小而成形摩擦力增大的现象有抑制作用，材料加工过程更加均匀，零件成形粗糙度比模具还低。初红艳研究了电磁成形的板料冲裁过程，发现断面非常直，而且几乎没有塌角和毛刺，这对于引线框架等应用是非常重要的[50]。

1.2.4 仿真模拟

电磁成形过程是一个复杂的多物理场耦合问题，涉及电磁场、结构场、温度场和材料学等多个学科。针对主要问题，电磁成形可简化为电磁与结构耦合模型。由于计算机技术及有限元软件的发展，有限元仿真模拟成为研究电磁成形过程的主要途径之一。

Al-Hassani 研究分析了不同形状线圈在板料上的电磁力分布[51]。Takatsu 等以平面螺旋线圈为例，研究了电磁板材自由胀形过程，仿真与试验结果基本一致[52]。学者采用了电磁与结构解耦的方式，即松散耦合法，研究与仿真了电磁管材胀形过程等[53]。Fenton 和 Daehn 采用 2D 任意拉格朗日（Lagrange）算法分析平板电磁自由胀形过程，模拟结果与试验非常好地吻合[54]。Oliveira 等采用 3D 电磁场模型和结构场模型分析电磁板材成形过程，能合理预测工件变形和应变分布[55]。但是，松散耦合法没有考虑磁场与结构的相互影响，模型仅适用于小变形工件的电磁成形模拟。

为了更合理地描述电磁成形过程，必须考虑工件变形对磁场的影响。Unge 等建立了 3D 电磁、结构与温度场耦合模型，分析板材电磁成形过程，考虑了电磁过程中三场

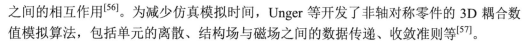

之间的相互作用[56]。为减少仿真模拟时间，Unger 等开发了非轴对称零件的 3D 耦合数值模拟算法，包括单元的离散、结构场与磁场之间的数据传递、收敛准则等[57]。

在国内，哈尔滨工业大学的于海平采用顺序耦合法研究了不同放电频率对管件缩颈的影响，优化了电磁成形放电频率，并准确预测了管件缩颈成形[58]。华中科技大学的崔晓辉等采用 ANSYS/EMAG + LSDYNA 耦合仿真模型，模拟了电磁板材自由胀形过程[59]。

1.3 基于不同电磁力特性的电磁成形新方法

电磁成形过程中电磁技术问题主要在于如何针对特定的加工需求提供合理有效的电磁力加载[60]。然而，因前期参与电磁成形研究的电磁领域学者较少，导致电磁技术问题的研究相对滞后，阻碍了电磁成形实现工业广泛应用的进程。2011 年，国家脉冲强磁场科学中心李亮教授主持的"973 计划"项目"多时空脉冲强磁场成形制造基础研究"启动，带动一批电磁领域的学者对电磁成形技术进行了深入广泛的研究，使电磁技术得到了跨越式发展，项目研究成果丰富并发展了电磁成形技术内涵，开辟并引领了基于不同电磁力特性的电磁成形新方法[61]。

1.3.1 改善电磁力分布的电磁成形技术

1. 板件匀压力成形

采用平板螺旋驱动线圈加工板件时，电磁力不均匀，导致板件成形效果较差。为此，美国俄亥俄州立大学 Daehn 等提出了一种匀压力驱动线圈[62]，如图 1.2 所示。匀压力线圈为一扁平的矩形线圈，板件置于匀压力线圈的一侧，同时引入一 U 形导体与板件构成一封闭回路，使匀压力线圈刚好位于封闭回路内部。板件匀压力成形与管件电磁成形原理类似，忽略边缘效应时其电磁力分布明显较为均匀。同时，这一耦合形式下的能量转换效率也得到一定程度的提升。

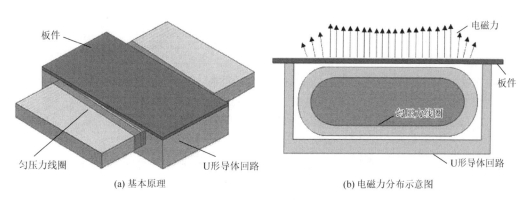

(a) 基本原理　　　　　　　　　　(b) 电磁力分布示意图

图 1.2　匀压力线圈示意图

基于匀压力线圈的电磁力分布特性，美国俄亥俄州立大学 Golowin 等将其应用于燃料电池板的压花成形[63]，德国多特蒙德工业大学 Weddeling 等将其应用于电磁焊接[64]，成形效果得到一定程度的提升。此外，三峡大学邱立等对这一技术进行了改进，提出了一种高效率板件电磁成形方法及装置[65]，如图 1.3 所示。将扁平的矩形线圈改良为正方形线圈，同时将原有的 U 形导体回路用另外 3 块待加工板件代替，这一改进方法可实现 4 块金属板件同时加工，提升了板件匀压力成形技术的效率。目前，板件匀压力成形技术面临的主要问题仍是如何有效地解决 U 形导体与板件之间因接触导致的电弧烧蚀问题[66]。

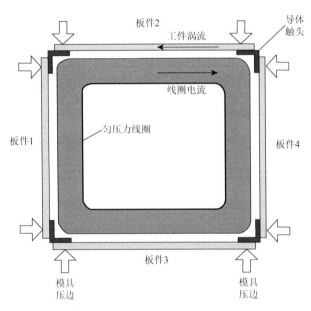

图 1.3　高效率板件电磁成形结构图

2. 板件局部电磁力成形

传统板件电磁成形过程中，平板螺旋驱动线圈几乎覆盖了整个加工区域，这导致板件中心区域变形量过大，板件变形效果差[67]。为此，三峡大学邱立等提出了一种板件局部电磁力成形方法，驱动线圈结构如图 1.4（a）所示。采用平板螺旋驱动线圈实现板件成形时，由于驱动线圈几乎覆盖整个板件，电磁力最大的区域出现在板件半径 1/2 附近，这一区域受到的电磁力最大，变形速度最快；当这一区域的板件速度达到最大值后，将带动板件其他区域加速；板件中心约束最小，导致其成形高度最大，最终板件为圆锥形轮廓。板件局部电磁力成形时，驱动线圈的绕组主要集中在凹模边缘附近区域，这一区域受到的电磁力最大；由于这一区域远离板件中心，对板件中心的影响小，板件变形效果较好，呈圆柱形轮廓。

图 1.4 分别为平板螺旋驱动线圈与局部加载驱动线圈电磁力分布及其相应的工件成形轮廓[68]。显然，采用局域加载驱动线圈时，电磁力更为集中，工件中心区域电磁力小、变形量少，从而使板件整体变形更均匀，工件成形效果得到改善。此外，由于板

件局部电磁力成形时电磁力集中在变形后的工件侧壁处，这一区域的工件受到凹模的约束，与驱动线圈的距离几乎保持不变，多次加载时电磁力不会因距离变大而衰减严重，这为重复加载电磁力实现电磁拉深成形提供了一定的可能性。目前，板件局部电磁力成形过程中，板件电磁力分布与成形效果之间的内在关联仍需深入研究；此外，重复加载电磁力时需要考虑加工硬化和起皱等问题对板件的影响。

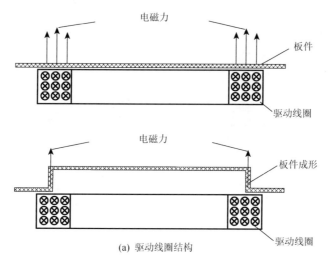

(a) 驱动线圈结构

(b) 传统板件电磁成形

(c) 局部电磁成形

图 1.4　电磁局部成形[69]

3. 凹型驱动线圈管件电磁胀形

　　管件电磁胀形因其电磁力分布相对均匀而得到较为广泛的工业应用，如管件胀形、链接、密封等。然而，采用螺线管驱动线圈实现管件电磁胀形时，端部效应导致径向电磁力轴向分布不均，管件轴向变形不均匀。为此，三峡大学邱立等提出了一种采用凹型驱动线圈削弱管件中部径向电磁力以提高管件成形质量的方法，图 1.5（a）为凹型驱动线圈管件电磁成形示意图。其基本思路：采用凹型线圈代替螺线管线圈，减少驱动线圈中部的安匝数，使工件中部的磁通密度和感应涡流大为降低，进而减小工件中部的径向电磁力。

图 1.5（b）为采用螺线管驱动线圈和凹型驱动线圈的径向电磁力分布。采用螺线管线圈时，端部效应严重，工件中部的径向电磁力最大，整体呈"单峰"分布；采用凹型线圈时，工件中部的径向电磁力得到一定程度的削弱，两端的径向电磁力得到一定程度的增强，整体呈"凹型"分布。图 1.5（c）为采用螺线管线圈和凹型线圈的管件变形轮廓，显然"凹型"分布的径向电磁力能有效改善管件轴向变形非均匀问题[69]。然而，由于匝数的减少，采用凹型螺旋管驱动线圈管件电磁成形时耦合效率降低，需要更大的能量才能实现相同的变形量[70]。

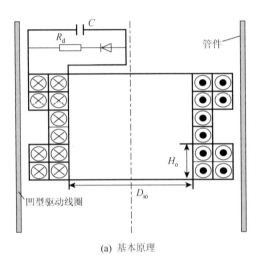

(a) 基本原理

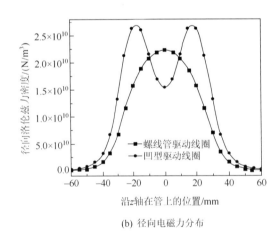

(b) 径向电磁力分布

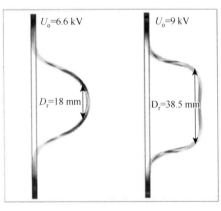

(c) 采用螺旋管线圈和凹型线圈的管件变形轮廓

图 1.5　凹型线圈管件电磁胀形[70]

1.3.2　改变电磁力施加方式的电磁成形技术

虽然板件匀压力成形、板件局部电磁力成形和凹型驱动线圈管件电磁胀形等新型技术能解决某些电磁技术问题，但是这些改善电磁力分布的电磁成形技术并未从施加方式上有所突破。2011 年，国家脉冲强磁场科学中心的李亮教授提出了多级多向电磁成形方法，它通过多线圈与多电源系统的精确时序配合，在时间上形成了多级、空间上形成多向的电磁力分布，为复杂、大尺寸、难变形零部件成形成性制造提供了有效手段[71]。在这一思路的影响下，涌现出了多种改变电磁力施加方式的电磁成形技术。

1. 轴-径双向加载板件电磁成形

现有板件电磁成形技术中，电磁力主要施加于板件自由胀形区域内，且以轴向电磁力分量为主；此时，板件自由胀形区域先发生变形，然后带动法兰区域的板件向凹模内流动。因此，板件的变形以胀形为主，最终导致板件容易破裂、成形性能差。改善这一加工问题的关键是增大法兰区域的板件径向流动性，基于此，国家脉冲强磁场科学中心的李亮等提出了一种轴-径双向加载板件电磁成形方法，如图 1.6 所示。基于传统单线圈电磁成形系统（线圈 1），在板件法兰区域处引入另一套驱动线圈（线圈 2）。线圈 1 为自由胀形区域的板件提供轴向电磁力，线圈 2 为法兰区域的板件提供径向电磁力。由于法兰区域的径向电磁力可有效促进这一区域板件的径向流动，这一形式的电磁力施加方式大幅提升了板件电磁成形的成形性能[72]。

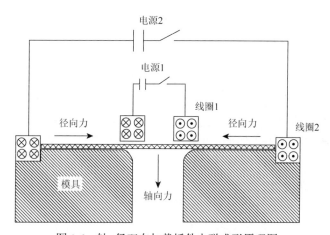

图 1.6　轴-径双向加载板件电磁成形原理图

针对厚度为 1.5 mm、直径为 130 mm 的 AA1060-H24 铝合金板，采用匝数为 4×10（轴向 4 层、径向 10 层）的线圈 1 和匝数为 5×4（轴向 5 层、径向 4 层）的线圈 2 分别为其提供轴向电磁力和径向电磁力，利用两套具有高精度光触发晶闸管主放电开关的 320 μF 电容电源系统实现板件轴向力和径向力的时序调控。图 1.7 为传统板件电磁成形与轴-径双向加载板件电磁成形的对比试验。单一轴向电磁力加载时，板件法兰区域几乎没有发生塑性流动，变形量小，且极易发生破裂；轴向电磁力与径向电磁力双向加载时，板件法兰区域存在明显的塑性流动，这一变形方式使得板件变形量得到了大幅提升，且有效抑制了材料破裂。显然，通过改变电磁力加载方式可有效提升板件电磁成形的成形性能，实现了拉深系数高达 3.25 的筒形件成形，明显优于传统拉深工艺的极限拉深系数（2.0～2.2）。

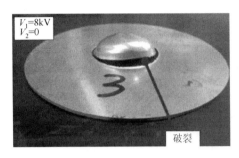
(a) 传统板件电磁成形

(b) 轴-径双向加载板件

图 1.7　板件成形效果图

2. 轴向压缩式管件电磁胀形

通常，管件电磁成形分为管件电磁压缩和管件电磁胀形。对于管件电磁胀形而言，现有技术一般采用螺线管驱动线圈为管件提供电磁力，其载荷主要是环向涡流与轴向磁场作用产生的径向电磁力分量[73]。当发生胀形时，管件变形半径增大，导致其壁厚减薄、强度降低，难以满足现代工业对高强度、高性能零件的需求[74]。为解决这一问题，三峡大学邱立等采用径向电磁力与轴向电磁力同时加载的施力方式，创新性地提出了轴向压缩式管件电磁胀形，如图 1.8 所示。其基本思想：通过设计新型驱动线圈，在金属工件区域内同时产生轴向磁场和径向磁场；轴向磁场与感应涡流产生径向电磁力，径向磁场与感应涡流产生轴向电磁力；径向电磁力驱动工件发生胀形，轴向电磁力则驱动工件在轴向发生压缩。通过这一方法，金属工件在径向电磁力的作用下发生胀形的同时，也在轴向电磁力的作用下发生轴向压缩。轴向压缩使工件材料及时补充到胀形减薄区，可有效减小工件壁厚的减薄量，提高工件成形性能和成形极限[75]。

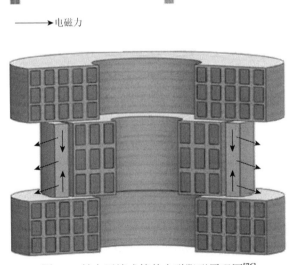

图 1.8　轴向压缩式管件电磁胀形原理图[76]

针对直径为 40 mm、壁厚为 2 mm 的 5052 铝合金管件，分析了管件轴向电磁力分布和壁厚变化规律，如图 1.9 所示。本算例中，轴向电磁力随着顶-底线圈外径的增大而增大，抑制壁厚减薄量的效果越来越好。采用轴向压缩式管件电磁胀形时，轴向电磁力明显增大，为传统管件电磁胀形轴向电磁力的 18.33 倍。在这一轴向电磁力的影响下，工件壁厚减薄量由最初的 11.6%降低至 2.2%，效果显著[76]。中南大学的崔晓辉等指出，通过引入轴向电磁力，使材料塑性流动显著增大，同时拉应力减小，这一特点是管件成形性能和成形极限得以提高的主要原因[77]。目前，轴向压缩式管件电磁胀形面临的主要技术难点在于，细长型管件成形时因轴向电磁力的挤压容易发生变形失稳和畸变等问题。

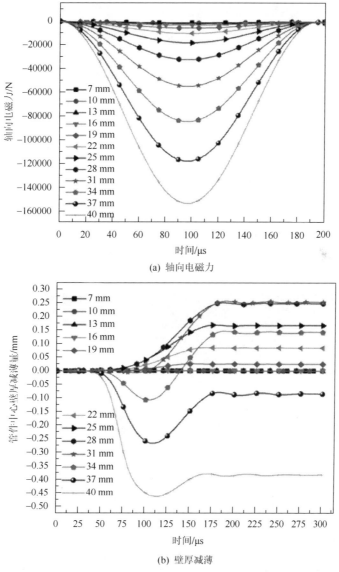

(a) 轴向电磁力

(b) 壁厚减薄

图 1.9 端部线圈外径对轴向电磁力和工件壁厚减薄量的影响[77]

3. 吸引式电磁成形

传统电磁成形中，驱动线圈源电流与感应涡流方向相反，工件由电磁斥力驱动实现成形；然而，实际中某些加工无法通过电磁斥力实现，如汽车凹痕的不拆卸修复、微小型管件胀形等。因此，也有学者探索研究吸引式板管件电磁成形。华中科技大学曹全梁等提出了一种基于双频电流法的吸引式板件电磁成形，电路拓扑图如图1.10（a）所示。在同一驱动线圈，分别通入一长脉冲电流和一短脉冲电流，且满足以下条件：长脉冲电流与短脉冲电流方向相反；短脉冲电流幅值小于长脉冲电流幅值，以保证合成磁场不发生反向；短脉冲电流的变化率足够快，使其产生的感应涡流密度大于长脉冲电流产生的感应涡流密度。此时，合成的驱动线圈电流与合成的感应涡流方向相同，即可产生电磁吸力驱动板件成形。同时，当短脉冲电流在长脉冲电流幅值最大时刻通入时，可获得较大的电磁吸力[78]。

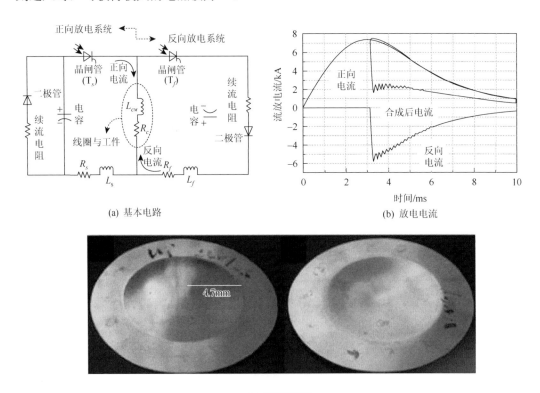

(a) 基本电路   (b) 放电电流

(c) 板件成形图

图 1.10 吸引式电磁成形

针对 1 mm 厚的 AA1060 铝板，采用 2880 μF 电容电源产生长脉冲电流，当长脉冲电流达到峰值时采用 160 μF 电容电源产生短脉冲电流，放电电流如图 1.10（b）所示。驱动线圈与板件之间将产生电磁吸力，驱动板件发生变形，最大变形量为 4.7 mm，如图 1.10（c）所示。三峡大学熊奇等将这一思路引入管件成形，提出了

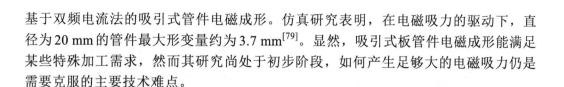

基于双频电流法的吸引式管件电磁成形。仿真研究表明，在电磁吸力的驱动下，直径为 20 mm 的管件最大形变量约为 3.7 mm[79]。显然，吸引式板管件电磁成形能满足某些特殊加工需求，然而其研究尚处于初步阶段，如何产生足够大的电磁吸力仍是需要克服的主要技术难点。

1.3.3　与传统机械加工相结合的电磁成形技术

虽然纯电磁力驱动的电磁成形技术优势明显，但其在加工大型板件方面存在难点，目前文献显示纯电磁力加工的板件直径最大为 1378 mm[80]。其主要原因在于，加工大型板件时需要足够大的电容电源和驱动线圈，这导致线圈电感和电容增大、放电等效脉冲变长，不利于产生脉冲电磁力[81]。此外，虽然出现了诸多改善电磁力分布和改变电磁力加载方式的电磁成形技术，但电磁力分布完全取决于磁场和涡流分布，控制难度大。因此，很多学者采用电磁成形与传统机械加工相结合的方式，提出了板件电磁渐进成形、电磁脉冲辅助冲压成形和柔性加载式电磁驱动成形等一系列新技术。

1. 板件电磁渐进成形

采用纯电磁力单次加载很难实现大型板件的加工。为此，华中科技大学莫健华等申请了专利"板材动圈电磁渐进成形方法及其装置"[82]，提出了一种板件电磁渐进成形方法。其基本思路：采用小型驱动线圈在大型板件局部产生电磁力，使板件局部发生变形；移动驱动线圈的位置，进行下一次电磁力的施加及局部变形；通过控制驱动线圈的放电路径，能够实现大型板件的电磁加工，如图 1.11 所示。

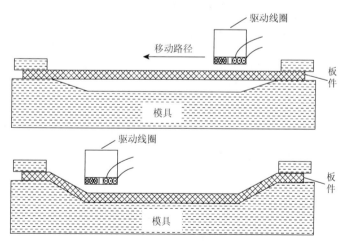

(a) 基本原理

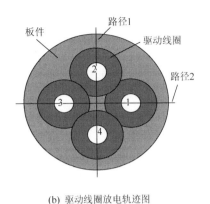

(b) 驱动线圈放电轨迹图

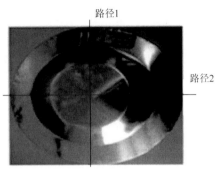

(c) 成形效果图

图 1.11   板件电磁渐进成形[82]

针对直径为 240 mm 的 AA3003 板件，莫健华等采用直径为 100 mm 的平板螺旋驱动线圈对其进行电磁渐进成形。试验结果表明，通过选择合理的放电路径，可以采用小型驱动线圈实现大型板件的成形加工[83]。进一步地，华中科技大学李建军等将电磁渐进成形发展为两步电磁成形，并应用于大型板件局部翻边。显然，板件电磁渐进成形能够提升电磁成形加工能力，为加工大型板件提供了新的思路；然而，这一方法需要多次放电方可实现加工，工序相对复杂[84]。此外，放电路径的选择对板件成形性能影响较大，这也是板件电磁渐进成形未来的一个重要研究方向。

2. 电磁脉冲辅助冲压成形

电磁成形能够改善材料成形性能，传统冲压成形则具有强大的加工能力。为同时具备这两种优势，美国俄亥俄州立大学 Daehn 等率先提出了电磁脉冲辅助冲压成形新技术，如图 1.12（a）所示。该技术是板件电磁成形与传统冲压成形相结合的复合塑性加工技术。首先，板件在凸模的作用下发生整体变形；其次，采用预先嵌在凸模内部的驱动线圈对板件难成形区域进行局部电磁力施加与矫形。电磁脉冲辅助冲压成形中，传统冲压使得板件整体变形量大，电磁成形使得板件局部成形精度高，具有明显加工优势[85]。

针对厚度为 1 mm 的 Al6111-T4 铝合金板件，采用传统冲压成形与电磁脉冲辅助冲压成形件的对比试验，如图 1.12（b）所示。传统冲压成形时，板件最大成形深度为 44 mm（图 1.12（b）中的 1B 板件），而在引入了脉冲电磁力作为辅助载荷时，电磁脉冲辅助冲压成形板件的最大成形深度达到 63.5 mm（图 1.12（b）中的 A6 板件），成形深度提高了 44%。显然，通过在冲头底部嵌入驱动线圈，通入较小的放电能量便可多次向难成形区域施加脉冲电磁力，避免了单次施力过大产生破裂的风险，板件应变分布得到改善，成形精度大大提高。目前，电磁脉冲辅助冲压成形工艺较为成熟，但针对特定的加工需求如何配置传统冲压与电磁成形还需进一步探索与研究。

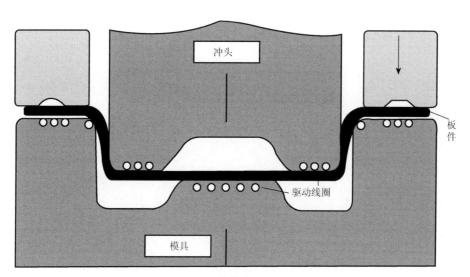

(a) 基本原理

(b) 板件成形对比图

图 1.12 电磁脉冲辅助冲压成形

3. 柔性加载式电磁驱动成形

电磁成形过程中，电磁力的分布直接影响着工件变形行为和成形性能。电磁力是由工件处的磁场与工件内部的感应涡流相互作用而产生的；然而，感应涡流在工件内部的分布是难以精确控制的，这就导致现有电磁成形技术电磁力加载灵活度不高，无法满足不同工件的电磁力需求。基于此，三峡大学邱立等提出了一种柔性加载式电磁驱动成形技术，在工件与驱动线圈之间引入了一由不同半径、不同截面、不同材料导体环构成的柔性线圈，驱动线圈与柔性线圈的相互作用产生脉冲电磁力驱动板件成形；进而通过柔性线圈的结构与材料改变感应涡流的分布，实现电磁力分布的调控。

图 1.13 为采用不同柔性线圈时工件的电磁力分布及工件变形。显然，采用柔性线圈能够改变电磁力分布，为解决"如何针对特定的加工需求实现电磁力的柔性调控"提供了可能性。目前，柔性加载式电磁驱动成形面临的主要技术难点在于电磁力的重复加载。

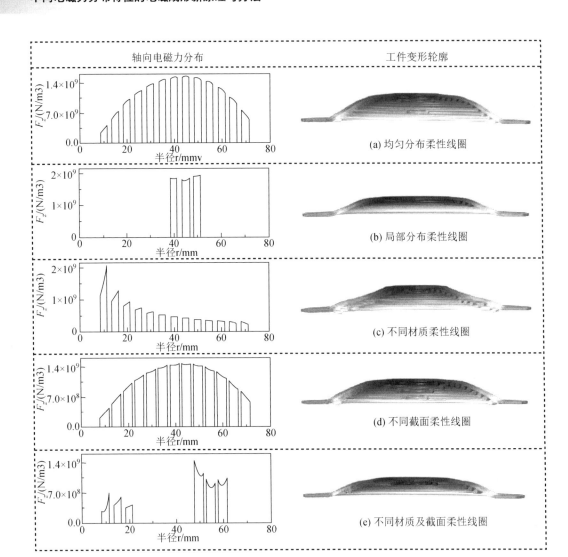

图 1.13　不同柔性线圈电磁力分布及工件变形轮廓

1.3.4　高寿命电磁成形技术探索

电磁力施加方式的创新能够解决某些电磁技术问题，推动了电磁成形技术的快速发展；然而，要使其达到工业化应用程度，必须实现高寿命电磁成形技术。电磁成形过程中，驱动线圈在为工件提供电磁力的同时，其自身也处于高电压、大电流、高应力等极其严苛的工作条件，结构强度与温升问题导致其使用寿命非常有限。显然，解决结构强度和温升问题是实现高寿命电磁成形技术的关键。

结构强度方面，福特汽车公司 Golovashchenko 等研究表明，驱动线圈的结构破坏往往发生在曲率半径较小的内环，可引入加固提升线圈强度[86]。国家脉冲强磁场科学中心等将脉冲强磁场技术应用于驱动线圈，采用分层加固技术绕制的高强度紧凑型驱动线圈较好地解决了结构强度问题[87]。温升问题方面，德国多特蒙德工业大学 Gies 等研究发现，电磁成形过程中 50%以上的能量以焦耳热的形式消耗在驱动线圈，驱动线圈表面最高温度达到 92 ℃，内部温升更是高达 178 ℃，严重影响了驱动线圈的使用寿命[88]。福特汽车公司 Golovashchenko 等提出通过强制空气对流的方法可有效促进驱动线圈散热过程，降低温升[89]；然而，这一方法仅适用于散热条件较好的驱动线圈，对于高强度紧凑型驱动线圈结构降温效果差。华中科技大学曹全梁等提出了采用续流回路串联功率电阻的新型电路结构，可在不影响成形效率的情况下减少驱动线圈内部的焦耳热。研究显示，驱动线圈的焦耳热损耗由 4.62 kJ 降低至 2.07 kJ，效果显著[90]。总体而言，目前或采用分层加固技术解决驱动线圈结构强度问题，或采用空气强迫对流促进单层结构驱动线圈散热，但却无法同时解决结构强度和温升问题。长寿命的驱动线圈是电磁成形实现工业化广泛应用的前提，如何同时解决驱动线圈结构强度和温升问题也将是今后的研究热点之一。

　　自 1958 年 Brower 和 Harvey 首次把电磁感应定律应用于金属成形，电磁成形技术已有 60 多年的发展历史。2011 年，中国国家重点基础研究发展计划"多时空脉冲强磁场成形制造基础研究"的启动，标志着电磁成形中电磁技术问题深入研究的开端。本书从电磁成形基本原理与电磁力分布出发，主要阐明了改善电磁力分布、改变电磁力施加方式，以及与传统机械加工相结合三大类别的电磁成形新技术；针对每一类别的单个技术，从需要解决的电磁技术问题入手，介绍了该技术的基本原理与实现方案，并通过试验或仿真验证了其成形效果，最后为学者指出这一技术存在的技术难点与未来的研究方向。

　　电磁技术问题的深入研究带动了电磁成形技术的跨越式发展，其成形优势得到了验证，作用机理逐步明确，应用场景日渐丰富，但其实现工业化应用仍需克服两大技术难题：一是针对工件加工需求提供灵活的柔性电磁力加载；二是解决高强度紧凑型驱动线圈温升问题实现高寿命电磁成形技术。将来，电磁成形技术作为一种特色明显、优势突出的高端制造技术，有望突破传统机械加工工艺目前所面临的瓶颈，促进前沿制造产业向智能、高效、轻柔和清洁的方向变革。

第 2 章

电磁力的形成及分布特点

工件电磁力是电磁成形制造技术的载荷力，其形成与分布直接影响工件的变形行为与成形效果。电磁成形驱动线圈按照形状主要可分为螺线管线圈、匀压力线圈和平面螺旋线圈三种典型线圈。其中，螺线管线圈用于实现管材的压缩与胀形工艺；匀压力线圈和平面螺旋线圈适用于板材成形加工。本章将从这三种典型驱动线圈出发，针对工件受到的电磁力，分析驱动线圈与工件合成磁场对电磁力的贡献大小，以此修改工件电磁力估算公式；研究等效放电频率对电磁力的影响，结果表明等效频率的选择应与工件电阻率相匹配；建立电路与磁场耦合模型，研究感应涡流和趋肤效应对主回路电流和工件电磁力的影响。工件感应涡流与工件电磁力的大小直接相关，本章最后将采用探测线圈的方法测量工件感应涡流。

2.1 驱动线圈与工件之间的电磁耦合作用

本节主要以螺线管线圈为例，分析驱动线圈与工件合成磁场对工件电磁力的影响。螺线管线圈常用于管材压缩与胀形工艺，其示意图如图 2.1 所示。螺线管线圈在轴向多匝分布，其长度与工件轴向长度相当；在径向方向匝数较少，通常只有 1~2 层。

忽略螺线管线圈轴向渐进螺旋线的影响，可将其等效为多个封闭的圆环。此时，线圈的结构和载荷具有轴对称性，可简化为二维轴对称模型。该模型中，电场强度 E 与电流密度 J 只存在 φ 方向的分量，磁感应强度 B 可分解为 r 和 z 方向的分量，麦克斯韦（Maxwell）方程二维轴对称形式为

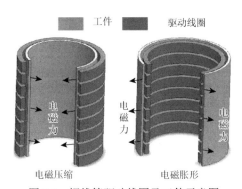

图 2.1 螺线管驱动线圈及工件示意图

$$\begin{cases} \dfrac{E_{\varphi}}{r} + \dfrac{\partial E_{\varphi}}{\partial r} = -\dfrac{\partial B_z}{\partial t} \\[2mm] -\dfrac{\partial E_{\varphi}}{\partial z} = -\dfrac{\partial B_r}{\partial t} \\[2mm] \dfrac{\partial B_r}{\partial z} - \dfrac{\partial B_z}{\partial r} = \mu_0 J_{\varphi} \\[2mm] J_{\varphi} = \sigma E_{\varphi} \\[2mm] F_r = J_{\varphi} B_z \\[2mm] F_z = J_{\varphi} B_r \end{cases} \qquad (2.1)$$

管材压缩或胀形过程中，其电磁力载荷主要为径向电磁力 F_r。由式（2.1）得知，F_r 正比于 J_{φ} 和 B_z；J_{φ} 与 E_{φ} 成正比，E_{φ} 与 B_z 和 B_r 相关。因为电磁管材成形过程中，B_z 对工件成形效果占主要作用，所以主要分析 B_z 的时空分布。

目前研究电磁成形的文献中，仅对其影响因素做了简要分析，并未深入讨论电磁成形过程的磁场分布规律。电磁成形中，B_z 是由螺线管线圈中的源电流与工件中的感应涡流共同建立的，即磁场 B_z 实为合成磁场，包括驱动线圈中源电流产生的磁场和工件中感应涡流产生的磁场。为探究这两个电磁分量对其电磁力的贡献，采用叠加原理分析该问题：先单独分析这两个磁场分量对电磁力的作用规律，再根据线性叠加原理对其结果进行合成。

2.1.1　螺线管线圈磁场

　　因为 B_z 的时空分布直接影响电磁力分布及电磁成形效果，所以分析螺线管线圈的磁场分布规律对理解电磁成形过程大有益处。一般而言，驱动线圈的磁场分布取决于线圈的几何结构和电流。对于指定的工件，螺线管线圈的几何结构可大致确定（轴向长度与工件相当，线圈半径与工件匹配）。因此，所有螺线管线圈具有相似的磁场分布规律，只是因线圈半径或轴向长度不一样，其具体的磁场大小有所差异。

　　为分析螺线管线圈磁场 B_z，建立驱动线圈的二维轴对称电磁有限元模型，分析其本身的磁场分布规律，螺线管线圈的基本参数如表 2.1 所示。由于螺线管线圈在环向可近似视为轴对称，在轴向可近似视为上下对称，驱动线圈的二维轴对称电磁有限元模型可简化为 6 匝模型，如图 2.2 所示。驱动线圈上加载环向恒定电流（这里主要关心其分布规律，对其幅值不做考虑，故可任意选取电流值）进行静磁场仿真，分析螺线管线圈磁场的空间分布。

表 2.1　螺线管线圈参数

参数描述	参数值
内直径/mm	76
外直径/mm	80
高度/mm	60
匝数	12

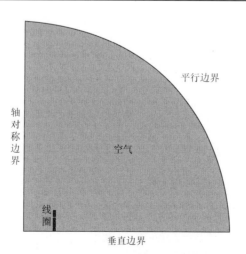

图 2.2　螺线管线圈二维有限元模型

读取仿真结果，得到螺线管线圈磁场分布云图如图2.3所示。由图2.3可知，螺线管线圈孔径内部区域磁场明显大于外部区域磁场；从线圈中心到线圈端部（沿轴线方向），磁场有所衰减但趋势并不明显；由于线圈导体间存在一定间隙，磁场分布在间隙处会略有下降。管材压缩时，工件放置在线圈内部并与线圈内表面接近，一般工件与线圈之间间隔1mm左右；反之，管材胀形时，工件贴近线圈外表面紧密放置。因此，工件处的磁场，一般是指距离线圈内表面或外表面2～5mm区域（图2.3中黑色矩形框区域）内的磁场。

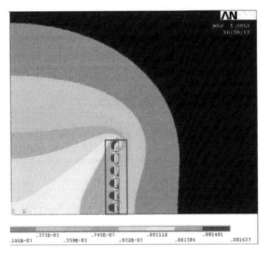

图2.3　螺线管线圈磁场分布云图

几何结构确定后，磁场幅值主要取决于线圈的电流密度，可对磁场进行归一化处理。某点的归一化磁场定义为该点实际磁场除以整个区域内的最大磁场，是无量纲参数。图2.4为归一化的线圈内外区域（距离内表面和外表面2 mm处）沿轴向B_z磁场分布。由于线圈导线的分布性，磁场有小幅度的波动，但总体趋势为：由线圈中平面向线

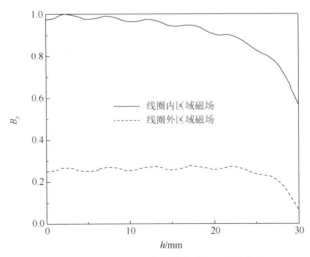

图2.4　线圈内外区域沿轴向的B_z磁场分布

圈端部逐渐衰减，且因边沿效应，线圈端部衰减明显；线圈内外区域的磁场分布规律相似，但线圈内部区域的磁场幅值明显大于线圈外局域幅值，约为其 3.7 倍。

图 2.5 为 B_z 磁场沿径向的分布。图 2.5 表明，线圈内部磁场大，在线圈导体区域磁场迅速减小；线圈外部磁场幅值比内部小，且方向相反。

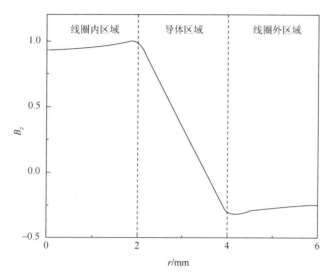

图 2.5　线圈附近区域沿径向的 B_z 磁场分布

以上主要分析了螺线管线圈所产生的磁场 B_z 的空间分布，没有考虑工件感应涡流产生的磁场的空间分布。若忽略工件涡流分布的不均匀性，即假设工件涡流分布均匀，则工件涡流产生的磁场空间分布与螺线管线圈产生的磁场空间分布规律一致。因此，工件涡流在工件处产生的磁场空间分布与图 2.5 线圈导体区域内的磁场分布相同，即磁场由内到外迅速衰减。

2.1.2　螺线管线圈电磁力

通过以上分析，对螺线管线圈的磁场空间分布已有了基本了解。管材压缩与胀形时，电磁力的大小与驱动线圈和工件这两个磁场的 B_z 分量密切相关。驱动线圈内外区域磁场大小相差很大，即表明在载荷相同（相同的线圈加载、相同的电流）的情况下，管材压缩时螺线管线圈对工件的电磁力更大。分析管材压缩与胀形时工件所受的电磁力，比较压缩与胀形电磁力的异同点，能有效加深对电磁成形过程的理解。

由于工件处的轴向磁场为驱动线圈的源电流与工件的感应涡流产生的合成磁场，与磁场分析一样，相应的工件电磁力也由两个分量组成，即驱动线圈对工件的电磁力及工件对其自身的电磁力。

由于源电流与感应涡流方向相反（因其同向的时间占总脉宽的时间很小，可忽略），驱动线圈对工件的电磁力为斥力。工件对其自身的电磁力，即感应涡流与涡流磁场之间的电磁作用，由于它始终满足右手定则，该电磁力始终为正（径向向外）。管材压缩时，驱动线圈对工件的电磁力方向向内，工件对其自身的电磁力方向向外，两个电磁力分量的方向相反,叠加后总的电磁力减小;管材胀形时,两个电磁力分量方向都向外,叠加后电磁力增大。这即为管材压缩与胀形电磁力分布的最大不同之处。

为从理论上分析工件所受电磁力,将电磁成形管材压缩与胀形简化为静态电磁模型:直接为工件加载均匀电流,该电流的方向与线圈源电流方向相反,以模拟感应涡流的效果。该模型虽与实际情况差别较大,但却能简化模型,对分析电磁力的影响因素有很大帮助。

此外,为获得两个电磁力分量的大小,可采用两种不同的加载方式分析该模型:同时加载驱动线圈源电流和工件电流;仅加载线圈电流。第一种加载方式下,工件受到的电磁力为两个电磁力分量的合力;第二种加载方式下,工件受到的电磁力为其自身的电磁力分量。对两种加载方式的结果进行处理,即可得到驱动线圈对工件的电磁力分量。

采用二维轴对称电磁有限元模型进行分析。图 2.6 为电磁压缩与胀形电磁力分析模型,图 2.7 为第一种加载方式下的磁场分布云图。由于线圈与工件加载的电流方向相反,线圈与工件之间的气隙区域磁场相互加强,其他区域的磁场相互减弱,此时磁场主要集中在线圈与工件之间的气隙内。

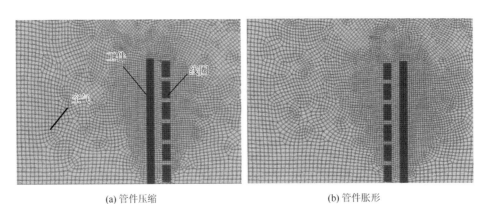

(a) 管件压缩　　　　　　　　　　　　　　(b) 管件胀形

图 2.6　电磁压缩与胀形电磁力分析模型

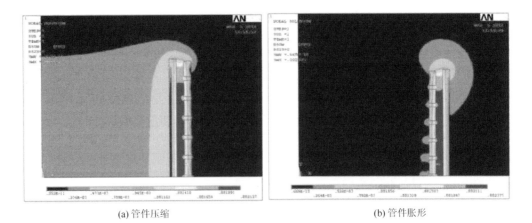

(a) 管件压缩　　　　　　　　　　　　　　(b) 管件胀形

图 2.7　电磁压缩与胀形磁场分布云图

由于工件的电磁力大小空间分布不均，为便于对比分析，引入工件平均电磁压强（单位：Pa）（即采用积分参数代替分布参数），其定义为工件受到的电磁合力除以工件面积。同时，将电磁压缩时工件自身的平均电磁压强视为 1，对平均电磁压强进行归一化处理。

表 2.2 给出了归一化处理后管材压缩与胀形时的平均电磁压强。采用有限元模型得到平均电磁压强的具体步骤为：建立几何模型，设置模型参数，对其进行静态电磁分析；选中全部工件单元，建立单元表格用于存储工件节点电磁力，对其求和即得工件电磁合力；电磁合力与工件面积相除即为平均电磁压强。

表 2.2　管材压缩与胀形时的平均电磁压强　　　　（单位：Pa）

电磁管材压缩			电磁管材胀形		
工件自身的 平均电磁压强	线圈对工件的 平均电磁压强	总的平均 电磁压强	工件自身的 平均电磁压强	线圈对工件的 平均电磁压强	总的平均 电磁压强
1	−2.085	−1.085	0.901	0.547	1.448

比较电磁管材压缩与胀形时的工件对其自身的平均电磁压强，胀形时的平均电磁压强略小。其原因为胀形工件直径比压缩工件直径大，相同的电流密度产生的磁场小。比较线圈对工件的平均电磁压强，压缩时的电磁压强为胀形时的 3.8 倍，与 2.1.1 小节分析的螺线管线圈内外区域的磁场分布（内/外 = 3.7）规律较为吻合，验证了电磁力与磁场之间的关系。因为平均电磁压强为面积分效果，而 2.1.1 小节分析的磁场分布仅为两条直线上的积分效果，所以两个比值并不完全一样。

电磁成形中，总的平均电磁压强才能体现工件成形载荷的效果。表 2.2 表明，虽然管材压缩时线圈对工件的电磁压强较胀形时大很多（压缩/胀形 = 3.8），但其两个电磁力分量作用效果相反，导致总的平均电磁压强比电磁胀形小。

以上分析中，线圈与工件中加载的电流密度大小一致；在实际电磁成形过程中，源电流与感应涡流并不一致，其大小关系取决于驱动线圈与工件之间的互感、源电流的变化率及工件电导率等。互感和源电流的变化率决定了工件感应电势的大小，感应涡流的大小则与工件电阻率和感应电势密切相关。对于管材压缩或胀形，工件涡流与驱动线圈源电流（安匝数）的比值一般在 0.5～1.0 范围内。该比值在一定程度上反映了线圈与工件之间的耦合程度：比值越大，表明相同条件下感应涡流越大，其耦合程度越高。

为分析不同耦合程度下的工件电磁力，通过改变驱动线圈与工件的加载电流密度的幅值，得到了不同耦合情况下的平均电磁压强（表 2.3）。

表 2.3　电磁管材压缩与胀形平均电磁压强　　　　（单位：Pa）

工件涡流与 驱动线圈 源电流的比值	电磁管材压缩			电磁管材胀形		
	工件自身的 平均电磁压强	线圈对工件的 平均电磁压强	总的平均 电磁压强	工件自身的 平均电磁压强	线圈对工件的 平均电磁压强	总的平均 电磁压强
0.5	0.25	−1.303	−1.053	0.225	0.342	0.567
0.6	0.36	−1.564	−1.204	0.324	0.410	0.734

工件涡流与驱动线圈源电流的比值	电磁管材压缩			电磁管材胀形		
	工件自身的平均电磁压强	线圈对工件的平均电磁压强	总的平均电磁压强	工件自身的平均电磁压强	线圈对工件的平均电磁压强	总的平均电磁压强
0.7	0.49	−1.824	−1.334	0.441	0.479	0.920
0.8	0.64	−2.085	−1.445	0.577	0.547	1.124
0.9	0.81	−2.345	−1.535	0.730	0.616	1.346
1.0	1.00	−2.606	−1.606	0.901	0.684	1.585

分析表 2.3 的数据可知，工件对其自身的平均电磁压强与电流比值的平方成正比，而线圈对工件的平均电磁压强与电流比值成正比。管材压缩时，由于电磁力的两个分量效果相反，电流比值对其总的平均电磁压强影响不大（电流比值从 0.5 增大至 1，电磁压强增大 0.525 倍）；而管材胀形时，电流比值对其总的平均电磁压强影响较大（电流比值从 0.5 增大至 1，电磁压强增大 1.795 倍）。这也说明，管材压缩时，驱动线圈与工件之间的互感对其载荷影响不大；而管材胀形时，其互感的大小将对其载荷造成显著的影响。表 2.3 显示，在管材胀形中，两个电磁力分量对总的平均电磁压强贡献相当。

通过以上分析，了解了电磁管材压缩与胀形过程中的电磁力分布规律。下面在此基础上，给出平均电磁压强的估算公式：

$$P = K_1 n i_1 i_2 \pm K_2 i_2^2 = K_1 K_3 n^2 i_1^2 \pm K_2 K_3^2 n^2 i_1^2 = K_3 n^2 i_1^2 (K_1 \pm K_2 K_3) \quad (2.2)$$

式中 P 为平均电磁压强；i_1 和 i_2 分别为线圈和工件内的电流；K_1 和 K_2 分别为线圈和工件电磁力系数，其值与线圈和工件几何尺寸相关；n 为线圈匝数；K_3 为工件涡流与线圈安匝数的比值，即 $K_3 = i_2/(n i_1)$，其值一般在 0.5~1.0；公式右侧的第一项表示驱动线圈对工件的平均电磁压强分量，第二项表示工件对其自身的平均电磁压强分量；公式右侧取正号表示胀形，负号表示压缩。

用于电磁成形平均电磁压强的估算公式，仅考虑了驱动线圈磁场对工件的作用，而忽略了工件自身产生的磁场力。通过以上分析得知，该简化从原理上存在缺陷，不可采纳。由式（2.2）可知，平均电磁压强主要由线圈安匝数（$n i_1$）、工件涡流与线圈安匝数的比值（K_3）及线圈和工件电磁力系数（K_1 和 K_2）决定。

2.2 电磁成形过程中的能量转换关系

为从理论上说明动生电动势在电磁成形过程中的作用机理，以 Daehn 提出的匀压力线圈为模型，将电磁成形过程简化为以集中参数表示的电路模型进行分析。同时，建立一组对比模型，即不考虑动生电动势时的电磁成形电路模型和考虑动生电动势时的电磁成形电路模型。理论分析与仿真计算结果表明，动生电动势是工件获得动能的原因。

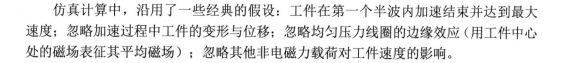

仿真计算中，沿用了一些经典的假设：工件在第一个半波内加速结束并达到最大速度；忽略加速过程中工件的变形与位移；忽略均匀压力线圈的边缘效应（用工件中心处的磁场表征其平均磁场）；忽略其他非电磁力载荷对工件速度的影响。

2.2.1　动生电动势在电路中的表征

图 2.8 为不考虑和考虑动生电动势两种情况下的电磁成形回路的电路原理图，考虑动生电动势时，工件回路多了一项动生电动势。本小节从分析工件的动生电动势对整个电磁成形过程的影响入手，计算得出了工件的成形速度。表 2.4 给出了该试验计算的基本参数。

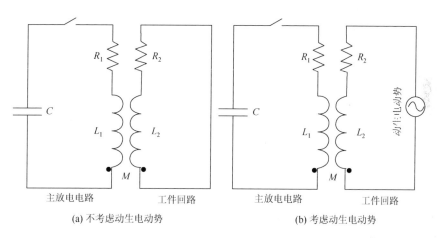

图 2.8　电磁成形电路图

表 2.4　尺寸参数和电路参数

参数描述	参数值
电容值 C/mF	2
电容初始电压 U_0/V	2000
主回路电阻 R_1/mΩ	5.1
主回路电感 L_1/μH	1.53
工件回路电阻 R_2/mΩ	0.15
工件回路电感 L_2/μH	1.79×10^{-2}
驱动线圈与工件回路互感 M/μH	0.132
驱动线圈匝数 n	10
工件长度 l/mm	100
工件宽度 h/mm	100
驱动线圈高度 d_1/mm	15
工件厚度 d_2/mm	1
工件与驱动线圈之间的距离 d/mm	2
工件密度 ρ/(kg/m³)	2700

分析过程中涉及电磁成形过程中能量的转换，表 2.5 列出了分析所需的能量计算公式。电磁成形过程中，能量最初以电能的形式存储于电容器中。电容器对驱动线圈放电产生一脉冲电流，该过程任意时刻的能量分布为：电容器中剩余的电能、主电路回路消耗的焦耳热、工件回路消耗的焦耳热、主电路中储存的磁能、工件回路中储存的磁能、工件回路之间的互感磁能，以及工件获得的动能。当放电结束后，除工件获得的动能外，其他能量都以焦耳热的形式消耗。本节以第一个脉冲结束时的总能量与电容器初始储能是否一致作为判断模型对错的依据。

表 2.5　基本公式

公式描述	公式
电容器能量 Q_C	$Q_C = 1/2CU^2$
电感能量 Q_1，Q_2，Q_M	$Q_L = 1/2I^2L$，$Q_M = I_1 I_2 M \dfrac{\partial^2 \Omega}{\partial u \partial v}$
焦耳热 Q_1，Q_2	$Q = \int_0^t i^2 R \mathrm{d}\tau$
洛伦兹力 F	$F = BIl$
工件速度 v	$v = \int_0^t a \mathrm{d}\tau = \int_0^t \dfrac{F}{\rho h l d_2} \mathrm{d}\tau$
动能 E	$E = 1/2 m v^2$
总能量 Q_{sum}	$Q_{sum} = Q_C + Q_{L1} + Q_{L2} + Q_M + Q_1 + Q_2 + E$

2.2.2　匀压力线圈磁感应强度计算

在表 2.5 中，工件速度 v 的计算公式需要已知工件的质量、感应电流和匀压力线圈产生的磁场；工件的质量可由成形区域的几何尺寸与工件密度得到，求解电磁成形过程中的微分方程即可得到感应涡流（2.2.3 小节将对其进行详尽的介绍）。对于匀压力线圈产生的磁场，假设磁感应强度 B 均匀，则可采用工件中心的磁场代替工件任意位置的场强。由磁场理论分析可知，仅平行于工件面的电流段对工件有电磁力的贡献，由毕奥–萨伐尔（Biot Savart）定律得出工件中心处的磁场 B 为

$$B = \frac{\mu_0 n i_1}{\pi h} \int_0^{h/2} \frac{d}{d^2 + x^2} \frac{l}{\sqrt{l^2 + 4(d^2 + x^2)}} \mathrm{d}x \tag{2.3}$$

式（2.3）中涉及的变量详细描述见表 2.4，进一步地，引入匀压力线圈的磁场系数 K_b，其定义为

$$K_b = \frac{1}{h} \int_0^{h/2} \frac{d}{d^2 + x^2} \frac{l}{\sqrt{l^2 + 4(d^2 + x^2)}} \mathrm{d}x \tag{2.4}$$

系数 K_b 的大小仅与驱动线圈的几何形状及工件与线圈之间的距离有关，本节使用的驱动线圈的 K_b 为 0.4027。

2.2.3　能量转换的理论分析与数值结果

不考虑动生电动势时，图 2.8（a）的电磁成形电路原理图对应的微分方程组可表示为

$$\begin{cases} i_{10}R_1 + L_1\dfrac{\mathrm{d}i_{10}}{\mathrm{d}t} + M\dfrac{\mathrm{d}i_{20}}{\mathrm{d}t} = u_C \\[2mm] i_{20}R_2 + L_2\dfrac{\mathrm{d}i_{20}}{\mathrm{d}t} + M\dfrac{\mathrm{d}i_{10}}{\mathrm{d}t} = 0 \\[2mm] i_{10} = -C\dfrac{\mathrm{d}u_C}{\mathrm{d}t} \end{cases} \tag{2.5}$$

式（2.5）中的第一个方程为主电路放电方程，第二个方程为工件回路感应涡流方程，第三个方程为电容器电压与其电流之间的关系。为分析动能的来源，将电磁成形过程中除动能外的能量（电容器中剩余的电能、主电路中储存的磁能、工件回路中储存的磁能、主回路与工件回路之间的互感磁能、主电路回路消耗的焦耳热，以及工件回路消耗的焦耳热）的总和定义为

$$W = Q_C + Q_{L1} + Q_{L2} + Q_M + Q_1 + Q_2 \tag{2.6}$$

采用表 2.5 中各能量的计算公式，对 W 进行推导，并对其微分得到

$$\mathrm{d}W = Cu_C\mathrm{d}u_C + i_1L_1\mathrm{d}i_1 + i_2L_2\mathrm{d}i_2 + Mi_1\mathrm{d}i_2 + Mi_2\mathrm{d}i_1 + i_1^2R_1\mathrm{d}t + i_2^2R_2\mathrm{d}t \tag{2.7}$$

为简化式（2.7），将微分方程式（2.5）改写为

$$\begin{cases} u_C = i_1R_1 + L_1\dfrac{\mathrm{d}i_1}{\mathrm{d}t} + M\dfrac{\mathrm{d}i_2}{\mathrm{d}t} \\[2mm] M\mathrm{d}i_1 = -(i_2R_2\mathrm{d}t + L_2\mathrm{d}i_2) \\[2mm] \mathrm{d}u_C = -\dfrac{i_1}{C}\mathrm{d}t \end{cases} \tag{2.8}$$

将式（2.8）代入式（2.7）进行运算得到

$$\mathrm{d}W = 0 \tag{2.9}$$

式（2.9）表明，不考虑动生电动势时，该电磁成形回路中的 W 总和不变；也就是说，没有能量转换为工件动能。为进一步说明该问题，采用 MATLAB 对微分方程组（2.5）进行数值求解，图 2.9 描述了执行器电流、工件电流和电容器电压随时间变化的曲线。

放电初始时刻，系统总能量全部储存在电容器中，其初值为 $Q_{\mathrm{sum}0} = Q_{C0} = 4000$ J。第一个半波结束时（t_0 时刻），$i_1(t_0) = 30.0$ kA，$i_2(t_0) = 0$，$U_C(t_0) = -567.0$ V，由表 2.5 提供的速度计算公式，得到工件速度为 $v(t_0) = 98.6$ m/s。故 t_0 时刻系统总能量为

$$\begin{aligned} Q_{\mathrm{sum}}(t_0) &= Q_C(t_0) + Q_{L1}(t_0) + Q_{L2}(t_0) + Q_M(t_0) + Q_1(t_0) + Q_2(t_0) + E(t_0) \\ &= (321.5 + 688.5 + 0 + 0 + 1601.4 + 1389.0 + 131.2)\ \mathrm{J} = 4131.6\ \mathrm{J} \end{aligned}$$

结果表明，t_0 时刻的总能量大于电容器的初始储能，这与能量守恒定律相违背，且多出来的那部分能量刚好等于工件动能（131.2 J）。因此，不考虑动生电动势时，不符合能量守恒定律，动能凭空产生，结果无法信任。

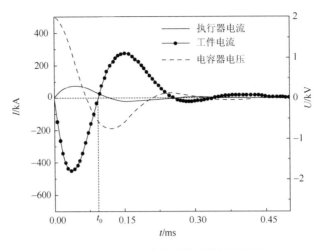

图 2.9　不考虑动生电动势时的数值结果

考虑动生电动势时，图 2.8（b）的电磁成形电路原理图对应的微分方程组可表示为

$$
\begin{cases}
i_1 R_1 + L_1 \dfrac{\mathrm{d}i_1}{\mathrm{d}t} + M \dfrac{\mathrm{d}i_2}{\mathrm{d}t} = u_C \\[2mm]
i_2 R_2 + L_2 \dfrac{\mathrm{d}i_2}{\mathrm{d}t} + M \dfrac{\mathrm{d}i_1}{\mathrm{d}t} + Blv = 0 \\[2mm]
i_1 = -C \dfrac{\mathrm{d}u_C}{\mathrm{d}t} \\[2mm]
\dfrac{\mathrm{d}v}{\mathrm{d}t} = \dfrac{F}{m} = \dfrac{Bi_2 l}{\rho l h d_2} = \dfrac{Bi_2}{\rho h d_2}
\end{cases}
\tag{2.10}
$$

式（2.10）的前三个方程为电磁成形电路微分方程，最后一个方程是工件的运动方程。可以看出，动生电动势直接影响工件回路，且通过主回路与工件回路之间的耦合关系间接影响了主放电回路。由于考虑动生电动势时需要计算工件的速度项，引入了工件的运动方程。

同样采用式（2.6）计算除动能外的其他能量总和 W。将式（2.10）变换为

$$
\begin{cases}
u_C = i_1 R_1 + L_1 \dfrac{\mathrm{d}i_1}{\mathrm{d}t} + M \dfrac{\mathrm{d}i_2}{\mathrm{d}t} \\[2mm]
M \mathrm{d}i_1 = -(i_2 R_2 \mathrm{d}t + L_2 \mathrm{d}i_2 + Blv\mathrm{d}t) \\[2mm]
\mathrm{d}u_C = -\dfrac{i_1}{C} \mathrm{d}t
\end{cases}
\tag{2.11}
$$

代入式（2.11），化简 W 的微分式（2.7）可得

$$
\mathrm{d}W = -Blvi_2 \mathrm{d}t \tag{2.12}
$$

为比较分析，定义因动生电动势引起的电磁能变化 Q_{m}，其值为动生电动势与感应涡流乘积对时间的积分，即

$$
Q_{\mathrm{m}} = -\int_0^t e_{\mathrm{m}} i \mathrm{d}\tau = -\int_0^t Blvi_2 \mathrm{d}\tau \tag{2.13}
$$

比较式（2.12）和式（2.13），两式表达式相同，只是式（2.12）是微分形式，而式（2.13）是积分形式而已。由此可见，W 的减小是由动生电动势引起的。

同样，为验证以上理论分析，对该微分方程进行数值计算，其结果如图 2.10 所示。由于增加了工件的运动方程，工件速度可直接由微分方程得到。第一个半波结束时（t_1 时刻），$U_C(t_1) = -491.2$ V，$i_1(t_1) = 32.03$ kA，$i_2(t_1) = 0$，$v(t_1) = 93.6$ m/s。系统总能量为

$$Q_{sum}(t_1) = Q_C(t_1) + Q_{L1}(t_1) + Q_{L2}(t_1) + Q_M(t_1) + Q_1(t_1) + Q_2(t_1) + E(t_1)$$
$$= (241.3 + 784.8 + 0 + 0 + 1543.1 + 1312.4 + 118.3) \text{ J} = 3999.9 \text{ J}$$

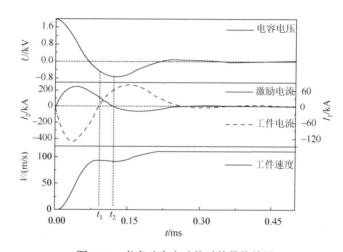

图 2.10　考虑动生电动势时的数值结果

忽略数值计算误差，$Q_{sum}(t_1)$ 与 Q_{sum0} 基本一致。证明考虑动生电动势时，电磁成形过程符合能量守恒定律。比较两种电流模型的数值结果，不考虑动生电动势时，工件的速度比实际（考虑动生电动势时）速度稍大，但效果不太明显。由于主电路源电流与工件感应涡流有一定的相位差，源电流反向时（t_1 时刻），感应涡流还未反向，该时间段（t_1 至 t_2）内源电流与感应涡流同向，工件将受到电磁吸力的作用，此时工件速度有所下降。同时，由于该时间段内源电流与感应涡流相对电流峰值都很小，工件减速趋势并不明显。工件在达到 t_1 时刻后，电流峰值衰减，工件加速明显变慢，这与工件加速在第一个半波结束的假设吻合。

2.2.4　电能与动能的转换关系

为分析动生电动势在电磁成形中的作用，需进一步考虑工件动能与 Q_m 的关系。其中工件动能由工件速度计算得到，Q_m 由式（2.13）计算得到；图 2.11 描述了动生电动势引起的电能变化量 Q_m、动能及两者的和值随时间的变化规律。图形说明，任意时刻，Q_m 的绝对值都与动能相等，Q_m 的负号表示电能的减少，即说明电能转换为动能。

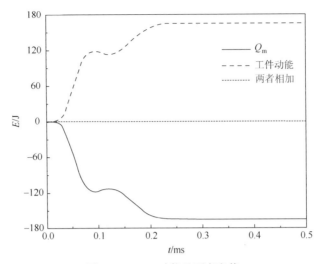

图 2.11　Q_m、动能及两者和值

电磁成形过程中，工件的成形速度尤为重要，它决定了电磁成形的效果。本节从不考虑与考虑动生电动势两方面出发，分别得出了这两种情况下电磁成形电路微分方程的数值解。结果表明，考虑动生电动势时，电磁成形过程符合能量守恒定律。进一步研究发现，正是因为动生电动势，才实现了电能与动能相互转换。

2.3　等效放电频率与工件电磁力之间的关系

等效放电频率为电磁成形过程中重要的技术参数，其选择的合理性直接与电磁成形能量转换效率相关。为此，以匀压力线圈为模型（图 2.12），分析等效放电频率对工件电磁力的影响。

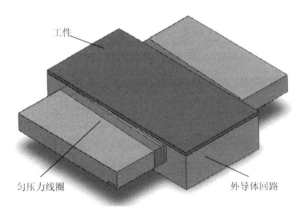

图 2.12　匀压力线圈示意图

匀压力线圈为一多匝矩形线圈，该矩形的正边（与工件平行的边）与侧边（与工件

垂直的边）几何尺寸相差较大。一般来说，侧边宽度在 10～20 mm 范围内，正边长度则根据工件尺寸确定。除线圈和工件外，还需引入一 U 形外部传导回路，与工件共同组成一个闭合的二次回路。为增加工件与线圈之间的相互作用力，匀压力线圈与工件回路之间的距离很小，为 1 mm 左右。与平面螺旋线圈相比，匀压力线圈具有耦合系数高和电磁力分布均匀的优势。

总体来说，匀压力线圈与螺线管线圈相似。其主要区别在于：匀压力线圈为矩形螺旋线，而螺线管线圈为圆形螺旋线；匀压力线圈成形需要 U 形外部传导回路才能组成完整的二次回路，而螺线管线圈对管材成形时，管材自身便能构成回路。因此，匀压力线圈的电磁力特性又与螺线管线圈有所不同。

忽略边沿效应，匀压力线圈可简化为二维平面问题，如图 2.13 所示。匀压力线圈的源电流和工件中的感应涡流分别用 i_1 和 i_2 表示。根据电流的空间位置不同，将源电流和感应涡流分为 a、b、c、d 四段。工件受到的电磁力，实质上即为源电流与感应涡流、感应涡流与其自身之间的作用电磁力。因为相互垂直的电流没有电磁力，即作用力为零，所以 i_{1b}、i_{2b}、i_{1d}、i_{2d} 四个电流段对工件没有电磁力作用，工件受到的电磁力为电流段 i_{1a}、i_{1c}、i_{2c} 对 i_{2a} 的作用。因为电流段 i_{1c} 与 i_{2c} 电流方向相反，所以其对 i_{2a} 的作用力相反。又其大小近似相等，因此匀压力线圈的电磁力可近似简化为 i_{1a} 与 i_{2a} 之间的相互作用。这即为匀压力线圈与螺线管线圈的最大不同之处。

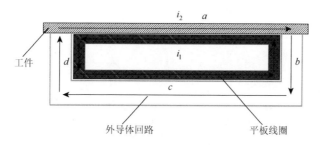

图 2.13 匀压力线圈二维平面模型

匀压力线圈二维平面模型中，电流密度 J 只存在 x 和 y 方向分量（工件中仅有 x 分量），磁感应强度 B 只存在 z 方向分量。这种情况下，麦克斯韦方程二维平面形式为

$$\begin{cases} \dfrac{\partial E_y}{\partial x} - \dfrac{\partial E_x}{\partial y} = -\dfrac{\partial B_z}{\partial t} \\[2mm] \dfrac{\partial B_z}{\partial y} = \mu_0 J_x \\[2mm] -\dfrac{\partial B_z}{\partial x} = \mu_0 J_y \\[2mm] J_x = \sigma E_x \\[2mm] J_y = \sigma E_y \\[2mm] F_y = J_x B_z \end{cases} \qquad (2.14)$$

式（2.14）中，匀压力线圈的主要电磁力分量 F_y 与工件中的电流 J_x 和工件处的磁场 B_z 成正比。电流 J_x 的大小与电导率 σ 和电场强度 E_y 成正比；电导率与工件材料的电性能相关，电场强度与磁场变化率（即脉宽或等效频率）相关。磁场 B_z 虽然是线圈和工件共同产生的，但通过前面的分析，该磁场可由电流段 i_{2a} 在工件处建立的磁场近似。因此，匀压力线圈电磁力分析主要集中在工件电导率和磁场变化率两个因素上。

为分析工件材料电导率和磁场变化率对匀压力线圈电磁力的影响，建立匀压力线圈的三维电磁有限元模型。考虑模型的对称性，该模型可简化 1/4 对称模型，如图 2.14 所示。

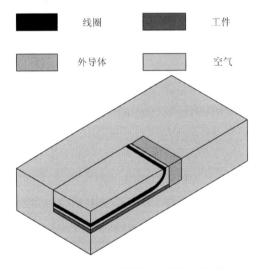

图 2.14　匀压力线圈 1/4 有限元模型

电磁成形中的电流载荷可近似为一衰减的正弦波，且通常情况下仅考虑该衰减正弦波的第一个半波（因工件加速发生在第一个半波）；在仅考虑磁场变化率对电磁力的影响时，可采用谐波分析（设置其频率为第一个半波对应的等效频率）对该瞬态过程进行分析，以减小计算量，提高分析效率。

表 2.6 为用于该分析的匀压力线圈模型基本参数，其中对比参数中采用了两组对比数据：工件电阻率与电流频率。

表 2.6　匀压力线圈模型基本参数

基本参数	工件尺寸/mm	$100\times60\times2$
	线圈尺寸/mm	$90\times60\times10$
	载荷（安匝数幅值）/kA	750
对比参数	工件电阻率/Ωm	5×10^{-7}
		5×10^{-8}
	电流频率/kHz	1
		10

经过分析，当工件电阻率大、加载频率低时，工件感应涡流小，合成磁场主要集中在线圈内部区域，此时电磁力较小；当工件电阻率变小、加载频率增高时，工件感应涡流增大，磁场集中的区域逐步转移至线圈与工件之间的气隙区域，此时电磁力较大。当加载频率增大的倍数与工件电阻率减小的倍数相等时，空间磁场分布和工件电磁力大小保持不变。

类似于螺线管线圈对管件成形时电磁力的分析，可得出这四种工作状态下的工件平均电磁压强（表 2.7）。当磁场集中在线圈内区域时，提高加载频率或降低工件电阻率都可使平均电磁压强急剧增大（从 1.5 MPa 到 20 MPa，增大 12.3 倍）；当磁场已经集中在线圈与工件之间的气隙区域时，提高加载频率或降低工件电阻率对电磁力的影响并不明显（从 20 MPa 到 22 MPa，仅增大 0.1 倍）。综合以上分析，电磁成形系统等效频率的选择，应与工件电阻率相匹配；且等效频率达到一定值后，继续增加对工件电磁力影响不大。

表 2.7　四种工作状态下的平均电磁压强

电阻率/($\Omega \cdot m$)	总安匝数/kA	电流频率/kHz	平均电磁压强/MPa
5×10^{-7}	750	1	1.5
5×10^{-7}	750	10	20
5×10^{-8}	750	1	20
5×10^{-8}	750	10	22

匀压力线圈与传统的电磁管材胀形相似，工件与外部导体回路置于匀压力线圈外部；本书还对该方法进行了拓展，提出了工件与外部导体回路内置的匀压力线圈，其原理与电磁管材压缩类似。同样地，采用内置式匀压力线圈进行三维谐波电磁分析，得到其平均电磁压强如表 2.8 所示。

表 2.8　工件内置式匀压力线圈平均电磁压强

电阻率/($\Omega \cdot m$)	总安匝数/kA	电流频率/kHz	平均磁场压强/MPa
5×10^{-7}	750	1	1.2
5×10^{-7}	750	10	26.6
5×10^{-8}	750	1	26.6
5×10^{-8}	750	10	32.1

结果表明，当加载频率低、工件电阻率大时，内置式匀压力线圈比外置式匀压力线圈的平均电磁压强小；但当频率增高、电阻率变小时，内置式匀压力线圈比外置式匀压力线圈的平均电磁压强大。

目前，匀压力线圈采用工件与外部导体构成二次回路，只利用了匀压力线圈的一条边（其他三边为 U 形外部导体回路），利用率低。为增加匀压力线圈的利用率，对传统外置式匀压力线圈进行适当的改进：变矩形截面为正方截面（其边长与工件尺寸匹配），采用四块工件组成二次回路（接触区域增加一 L 形连接触头），可有效地提高匀压力线圈的加工效率。

2.4　趋肤效应对工件电磁力的影响

平面螺旋线圈是最常见的电磁板材成形驱动线圈，该线圈结构相对简单，易加工。因其与螺线管线圈一样，具有轴对称结构，其麦克斯韦方程简化形式与螺线管线圈一致；但此时工件受到的电磁力主要为轴向电磁力 F_z（螺线管线圈主要为径向电磁力 F_r），其值与轴向磁场 B_z 和径向磁场 B_r 都紧密相关。轴向磁场 B_z 的变化率和工件材料电导率共同决定了工件内的感应涡流分布，径向磁场 B_r 与感应涡流之间的相互作用力决定了轴向电磁力 F_z 的大小。在螺线管线圈分析时，将电磁力拆分为驱动线圈对工件的电磁力和工件对其自身的电磁力；但在平面螺旋线圈中，驱动线圈对工件的电磁力为轴向方向，工件对其自身的电磁力为径向方向，其对工件成形效果的影响不大，可忽略。

分析螺线管线圈时，为研究电磁力的两个分量对其电磁力的贡献而将模型简化为静态模型；分析匀压力线圈时，为研究工件电阻率和等效频率对其电磁力的影响而将模型简化为谐波模型。上述简化模型能从理论上说明各因素对电磁力的影响机制，但都没法描述实际的电磁过程。因此，本节将建立平面螺旋线圈（图 2.15）完整的电路与磁场耦合瞬态模型，研究感应涡流及趋肤效应对电磁力的影响。

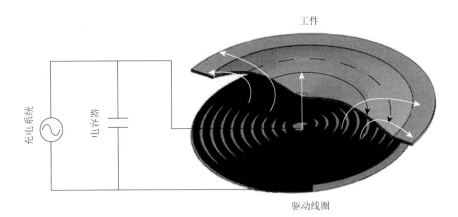

图 2.15　平面螺旋线圈

驱动线圈的电阻电感是电磁成形系统中重要的参数，直接影响主回路放电电流波形。电磁成形中，工件中的感应涡流会抵消驱动线圈磁能，使系统等效电感减小；工件涡流产生的焦耳热增加了新的热量损耗，使系统等效电阻增大。同时，趋肤效应使驱动线圈导体内的电流分布不均匀，也会导致系统电阻电感的变化。本节主要分析感

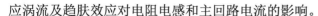

应涡流及趋肤效应对电阻电感和主回路电流的影响。

电磁成形电路方程为

$$\begin{cases} i_1 R_1 + L_1 \dfrac{\mathrm{d}i_1}{\mathrm{d}t} + M \dfrac{\mathrm{d}i_2}{\mathrm{d}t} = u_1 \\ i_2 R_2 + L_2 \dfrac{\mathrm{d}i_2}{\mathrm{d}t} + M \dfrac{\mathrm{d}i_1}{\mathrm{d}t} = 0 \end{cases} \tag{2.15}$$

式中 R_1 和 L_1 为驱动线圈的电阻电感；R_2 和 L_2 为工件等效电阻电感；M 为驱动线圈与工件之间的互感。求解该电路方程需对这些参数进行求解。表 2.9 为电磁成形系统、驱动线圈及工件的基本参数。

表 2.9　电磁成形系统基本参数

线路参数	参数值
电源电容 $C/\mu\mathrm{F}$	200
初始电压 U_0/kV	5
线圈电感 $L_1/\mu\mathrm{H}$	2
线圈电阻 $R_1/\mathrm{m}\Omega$	1
电阻率 $\rho_\mathrm{c}/\Omega\mathrm{m}$	1.67×10^{-8}
相对磁导率 μ_r	1

由式（2.15）可得

$$u_1 = \left(L_1 - \dfrac{M^2}{L_2} \right) \dfrac{\mathrm{d}i_1}{\mathrm{d}t} + i_1 R_1 - i_2 \dfrac{M}{L_2} R_2 \tag{2.16}$$

驱动线圈的等效电阻包括线圈电阻及工件等效电阻。驱动线圈工作在脉冲状态下，趋肤效应会影响其电阻值。趋肤深度是导致瞬态电阻变化的关键，其表达式为

$$\delta = \sqrt{\dfrac{\rho_\mathrm{c}}{\pi f \mu_0 \mu_\mathrm{r}}} \tag{2.17}$$

工件等效电阻与工件涡流分布和工件电阻率相关，也不可通过欧姆定律计算该电阻。为此，本书采用焦耳定律计算驱动线圈的等效电阻，即

$$R_\mathrm{e} = \dfrac{\int_\Omega Q \mathrm{d}\Omega}{i_1^2} \tag{2.18}$$

式中 Q 为焦耳热；Ω 为驱动线圈导体域及工件。

驱动线圈的等效电感则由能量法求得，即

$$L_\mathrm{e} = \dfrac{2}{i_1^2} \int_{\Omega_0} W_\mathrm{m} \mathrm{d}\Omega \tag{2.19}$$

式中 W_m 为磁能密度；Ω_0 为整个空间域。

驱动线圈导体域及工件的焦耳热及整个空间域的磁能密度，可通过电磁有限元模

型求解电磁方程得到。同时，为研究感应涡流与趋肤效应对主回路电流的影响，求解四种不同状态下的电磁过程：①空载（无工件）时不考虑趋肤效应；②空载时考虑趋肤效应；③负载（带工件）时不考虑趋肤效应；④负载时考虑屈服效应。表 2.9 为模型基本参数。

图 2.16 为空载、考虑趋肤效应时驱动线圈最内层导体电流分布，电流上升与下降时，电流变化率大，导体趋肤效应明显。

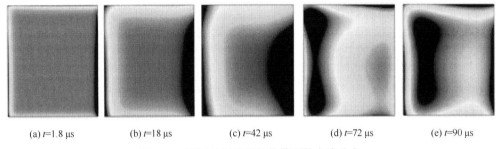

(a) t=1.8 μs　　(b) t=18 μs　　(c) t=42 μs　　(d) t=72 μs　　(e) t=90 μs

图 2.16　不同时刻线圈导体截面的电流分布

图 2.17 为不同状态下的驱动线圈等效电阻。空载时，因无工件消耗焦耳热，等效电阻较负载时小；考虑趋肤效应时，等效电阻增大，且在电流上升与下降区域增大最为明显。

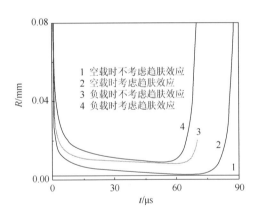

图 2.17　不同状态下的驱动线圈等效电阻

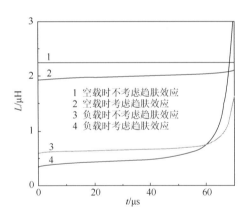

图 2.18　不同状态下的驱动线圈等效电感

图 2.18 为不同状态下的驱动线圈等效电感。空载时，不存在工件的反向抵消磁场，等效电感较负载时大；考虑趋肤效应时，导体电流集中在表面，驱动线圈内自感变小，此时等效电感较小。

图 2.19 为不同状态下的主回路电流。可以看出，由于空载与负载时的等效电感相差较大，负载时的主回路电流脉宽变窄，幅值增大。趋肤效应对主回路电流影响不大。图 2.20 为趋肤效应对工件电磁力的影响，因为趋肤效应使驱动线圈等效电感减小，主回路电流增大，所以考虑趋肤效应时工件电磁力较大，但并不明显。

以上分析表明，感应涡流对等效电感和主回路电流影响很大，分析电磁成形过程时，需以负载运行时的等效电阻电感作为模型参数，否则会造成很大的误差。同时，趋肤效应对等效电感的影响并不明显（图 2.20），因此其对电磁力影响不大。

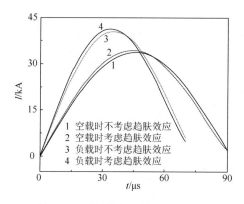

图 2.19　不同状态下的主回路电流

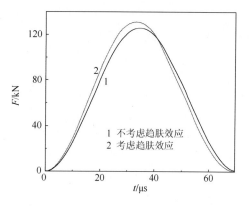

图 2.20　趋肤效应对工件电磁力的影响

第3章

三线圈轴向压缩式管件电磁胀形

为解决传统管件电磁胀形时工件壁厚减薄、成形性能降低这一问题，本章将创新地提出轴向压缩式管件电磁胀形方法。轴向压缩式管件电磁胀形的基本原理是：通过设计驱动线圈几何结构参数，改变工件所受电磁力大小和方向，在轴向电磁力的驱动下使工件发生轴向压缩，减小工件壁厚的减薄量，提高工件成形性能。实现该成形工艺的关键在于如何获得合理的轴向电磁力。

3.1 基本原理与成形效果

基于上述原理分析，轴向压缩式管件电磁胀形基本思想是：通过设计新型驱动线圈，在金属工件区域内同时产生轴向磁场和径向磁场；轴向磁场与感应涡流产生径向电磁力，径向磁场与感应涡流产生轴向电磁力；径向电磁力驱动工件发生胀形，轴向电磁力则驱动工件在轴向发生压缩。通过这一方法，金属工件在径向电磁力的作用下发生胀形的同时，也在轴向电磁力的作用下发生轴向压缩；轴向压缩使工件材料及时补充到胀形减薄区，可有效减小工件壁厚的减薄量，提高工件成形性能和成形极限。图 3.1 为本书所采取的轴向压缩式管件电磁胀形实现的基本方案。传统管件电磁胀形（图 3.1（a）），工件径向电磁力远大于轴向电磁力，工件以胀形为主，工件壁厚减薄严重。而轴向压缩式管件电磁胀形（图 3.1（b））通过设计线圈的组合形式，在传统胀形线圈之外增设顶部线圈和底部线圈，增大工件域内的径向磁场，径向磁场与环向涡流相互作用产生轴向电磁力。此时，工件在胀形的同时也发生轴向压缩，这一变形方式可使工件减薄量减小，提高工件成形性能。根据待成形工件的加工要求，轴向压缩式管件电磁胀形可对工件两端同时加载轴向电磁力。

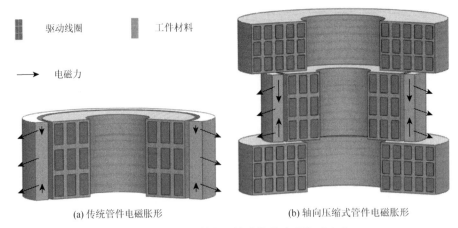

(a) 传统管件电磁胀形　　　　　　　(b) 轴向压缩式管件电磁胀形

图 3.1　拟采取的轴向压缩式管件电磁胀形方案

为了进一步论证轴向压缩式管件电磁胀形的有效性，通过 COMSOL 有限元仿真软件，建立一组传统管件电磁胀形和轴向压缩式管件电磁胀形两种模型，初步了解在轴向压缩式管件胀形方法中工件的受力情况和壁厚减薄情况。

在仿真模型中，管件高度 20 mm，厚度 5 mm，外径 30 mm，内径 25 mm，线圈采用 2×4 mm 的铜导线，其中胀形线圈为 4 匝 5 层，胀形线圈内径 15 mm；顶-底线圈为 5 匝 4 层，胀形线圈内径 35 mm。其几何模型尺寸分别如图 3.2 和图 3.3 所示，单位为 mm。为了仿真外电路的加载效果，在 COMSOL 模型中通过 ODE 仿真模块实现。在模型中管件的参数设置如表 3.1 所示。

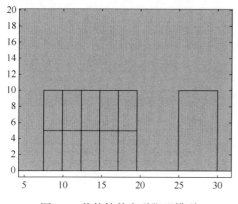

图 3.2 传统管件电磁胀形模型

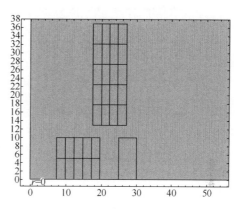

图 3.3 轴向压缩式管件电磁胀形模型

表 3.1 仿真模型中管件参数

参数描述	参数值
电导率/(S/m)	3.03×10^7
相对介电常数	1
相对磁导率	1
泊松比	0.3
密度/(kg/m³)	2750
初始屈服应力/GPa	0.16
各向同性切线模量/GPa	1.47

对上述两组模型施加相同的放电电压值 12 kV 进行仿真计算，为了能够分析传统管件胀形与轴向压缩式管件胀形两种情况下径向电磁力与轴向电磁力的差异，读取仿真结果，绘制径向与轴向电磁力随放电时间的关系曲线，如图 3.4 和图 3.5 所示。虽然加载放电电压相同，但是由于线圈结构参数不同，工件所受到的电磁力会有差异。与传统管件胀形方法相比较，轴向压缩式管件胀形方法在工件所受到的径向电磁力有所减小，但下降并不明显，径向电磁力仍是传统加载方式径向电磁力的 0.73 倍；而轴向电磁力却显著升高，提升为传统加载方式轴向电磁力的 11.5 倍。

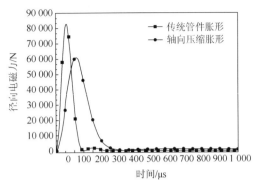

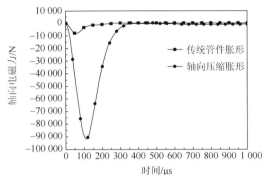

图 3.4　径向电磁力随时间的关系曲线　　图 3.5　轴向电磁力随时间的关系曲线

　　图 3.6 和图 3.7 为工件的径向和轴向位移云图。由于工件所受径向电磁力与轴向电磁力不同,其最终变形效果也有差别,轴向压缩式管件电磁胀形方法得到的胀形量大于传统管件成形胀形量。

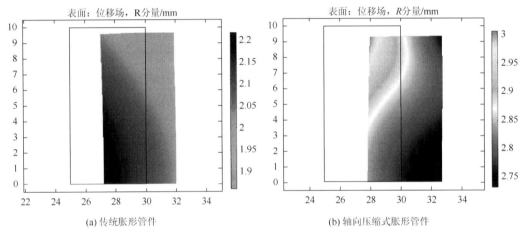

图 3.6　工件变形效果径向位移云图

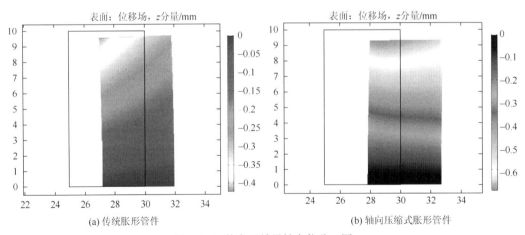

图 3.7　工件变形效果轴向位移云图

进一步探究胀形管件的壁厚减薄量问题。图 3.8 和图 3.9 为管件内、外壁中心至端部节点的胀形量随时间的变化曲线。

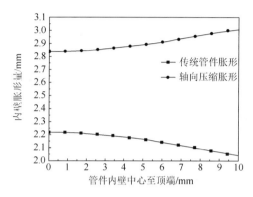

图 3.8   沿管件内壁中心至端部节点胀形量   图 3.9   沿管件外壁中心至端部节点胀形量

图 3.10 为工件壁厚减薄量随时间变化的曲线。相较于传统管件胀形，轴向压缩式管件胀形可以抑制管件的壁厚减薄量。表 3.2 所示为传统管件胀形与轴向压缩式管件胀形两种情况下，管件最终的内、外壁胀形量及工件壁厚减薄量。

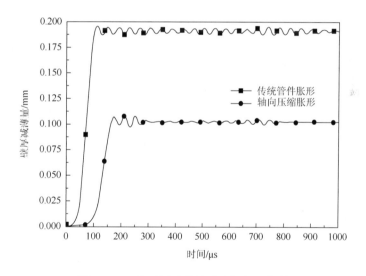

图 3.10   工件壁厚减薄量随时间变化曲线

表 3.2   顶-底线圈不同层数工件内、外壁中心节点胀形量及工件减薄量

不同管件胀形方式	内壁胀形量/mm	外壁胀形量/mm	壁厚减薄量/mm
传统管件胀形	2.16	2.03	0.13
轴向压缩胀形	2.84	2.75	0.09

3.2 电磁力分布的影响因素

因为线圈结构的改变，轴向压缩式管件电磁胀形方法中工件所受的径向电磁力与轴向电磁力较传统管件胀形存在很大差异，从而导致其胀形量产生不同效果。然而，上述模型可以直观上表明轴向压缩式管件电磁胀形的效果，但对比性较差。基于此，本节将对径向电磁力和轴向电磁力等相关数据做归一化处理，并进一步研究电磁力分布的影响因素。

3.2.1 电磁力归一化处理

由于传统管件胀形量与轴向压缩式管件电磁胀形量不同，单纯性的径向力或轴向力都不具有比较意义。为此，需要对径向电磁力和轴向电磁力等相关数据做归一化处理。本节对比工件轴向电磁力峰值 $F_{z(\max)}$ 与径向电磁力峰值 $F_{r(\max)}$ 的比值关系，即通过 $F_{z(\max)}/F_{r(\max)}$ 对轴向压缩式管件胀形加载方式进行探究。在同一模型里，该比值越大，说明在该模型中轴向电磁力相较于径向电磁力越强。对于上述模型的 $F_{z(\max)}/F_{r(\max)}$ 列于表 3.3 中，相较于传统管件胀形方法，轴向压缩式管件胀形方法可以增大比值 $F_{z(\max)}/F_{r(\max)}$，表明了轴向压缩式管件电磁胀形方法对于增强轴向电磁力的有效性。

表 3.3　电磁力分布规律

不同胀形方式	径向电磁力峰值 $F_{r(\max)}$/N	轴向电磁力峰值 $F_{z(\max)}$/N	$F_{z(\max)}/F_{r(\max)}$
传统管件胀形	0.83×10^5	0.08×10^5	0.10
轴向压缩胀形	0.61×10^5	0.92×10^5	1.51

3.2.2 壁厚减薄量归一化处理

上述两种模型是在相同放电电压下所计算的仿真结果，内壁胀形量存在差异，无法直接进行对比分析，需要保证在相同内壁胀形量的情况下进行比较。当轴向压缩式管件胀形加载放电电压 12 kV 时，内壁胀形量为 2.84 mm，通过试凑法对传统管件胀形的放电电压值进行试凑。结果表明，若要使传统管件内壁胀形量同样达到 2.84 mm，其所对应的放电电压为 12.47 kV。

基于此，为了更加直观地看出轴向压缩式管件电磁胀形与单线圈胀形在工件壁厚减薄量上的区别，需要对上述两组模型的壁厚减薄量进行归一化处理，力求在归一化处理之后，保证在相同内壁胀形量的前提下，通过对比新型线圈加载时管件中心节点壁厚减薄量与传统线圈加载时管件中心节点壁厚减薄量的比值 K，更为直观地看出工件壁厚减薄的效果，定义 K 值公式为

$$K = \frac{新型线圈加载时管件中心节点壁厚减薄量}{传统线圈加载时管件中心节点壁厚减薄量}$$

在上式中，K 值越小，三线圈对于抑制壁厚减薄量的效果越好；相反，K 值越大，三线圈对于抑制壁厚减薄量的效果越差。需要说明的是，三线圈中心节点壁厚减薄量可能会出现负值，即导致 K 为负值。其所代表的实际意义是：轴向压缩式管件电磁胀形时，工件中心节点的壁厚不仅没有出现减薄，相反，由于轴向压缩式管件胀形过程中轴向电磁力的作用，出现了管件中心节点壁厚增厚的情况。

3.2.3 放电脉宽对电磁力分布规律的影响

系统参数对于电磁成形有很重要的影响，而在诸多系统参数中，放电脉宽是最不容忽视的影响因素之一。本小节将建立传统管件电磁胀形有限元仿真模型，模型几何结构示意图如图 3.11 所示，单位为 mm。假定放电电流为半波峰值，分别将电流脉宽设置为 100 μs、200 μs、300 μs、400 μs、600 μs、800 μs、1200 μs、1600 μs、2000 μs、2400 μs，保证相同的放电电流幅值，并保持其他参数设置不变，探究系统参数中放电脉宽对于冲量和电磁力分布规律的影响。

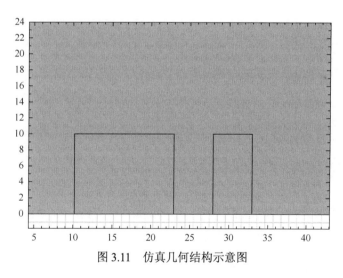

图 3.11   仿真几何结构示意图

对比上述 10 组模型有限元仿真结果，可以得出如图 3.12 所示在不同放电电流脉宽时径向电磁力随时间的变化规律。结果表明，在上述模型中，随着放电脉宽的增加，径向电磁力的幅值逐渐减小，电磁力的加载时间增大。因为 di/dt 变化速率减小，所以电磁力幅值降低，但由于放电电流脉宽的增大，电磁力的作用时间延长。图 3.13 为放电电流脉宽对冲量的影响，可以看出，在上述模型中，随着放电脉宽的增加，冲量逐渐增大，但增大趋势开始放缓。

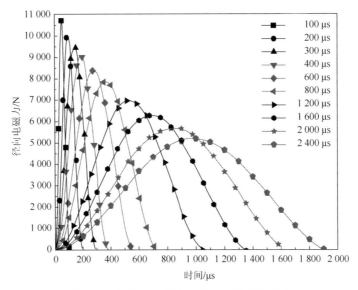

图 3.12　放电电流脉宽对径向电磁力的影响

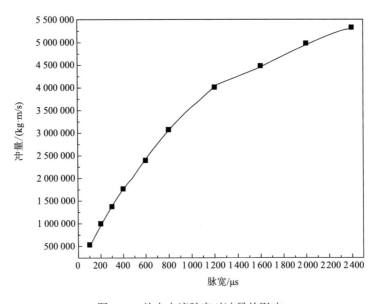

图 3.13　放电电流脉宽对冲量的影响

3.2.4　顶-底线圈高度对电磁力分布规律的影响

为探究三线圈电磁成形时，顶-底线圈高度对电磁力分布规律的影响，在其他参数不变的情况下，建立 16 组不同顶-底线圈高度仿真模型，顶-底线圈高度分别设置为 0 mm、2 mm、4 mm、6 mm、8 mm、10 mm、12 mm、14 mm、16 mm、18 mm、20 mm、22 mm、24 mm、26 mm、28 mm、30 mm，保证相同外加电流密度的前提下，对比上述 16 组模型电磁力分布规律和工件壁厚减薄量。

保持其他参数设置不变，顶-底线圈高度分别设置为 0 mm、2 mm、4 mm、6 mm、8 mm、10 mm、12 mm、14 mm、16 mm、18 mm、20 mm、22 mm、24 mm、26 mm、28 mm、30 mm。图 3.14 为顶-底线圈不同高度时径向电磁力的分布规律。结果表明，随着顶-底线圈高度的不断升高，径向电磁力逐渐增大。图 3.15 为顶-底线圈在不同高度时所对应的径向电磁力幅值分布情况。当顶-底线圈高度从 0 mm 增加到 10 mm 时，随着顶-底线圈高度的提升，径向电磁力的幅值近似呈线性增加；当顶-底线圈高度增加到 10 mm 之后，径向电磁力幅值的增速趋缓；当顶-底线圈高度增加到 22 mm 之后，径向电磁力幅值趋于饱和状态，几乎不再增大。

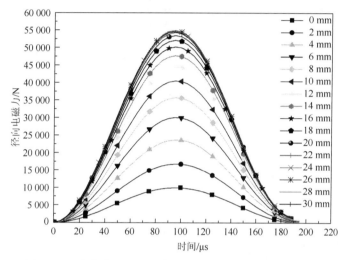

图 3.14　顶-底线圈不同高度径向电磁力随时间的分布规律

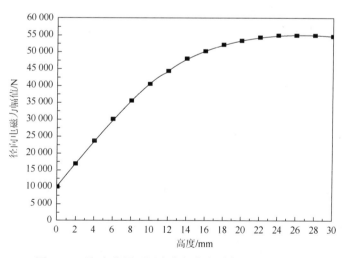

图 3.15　顶-底线圈不同高度径向电磁力幅值分布规律

图 3.16 为顶-底线圈不同高度对工件所受轴向电磁力分布的影响。结果表明，轴向电磁力随着顶-底线圈高度的增加而增大。图 3.17 为顶-底线圈不同高度时所对应的轴

向电磁力幅值分布规律。可以看出，随着顶-底线圈高度的提升，轴向电磁力幅值近似呈线性增加。

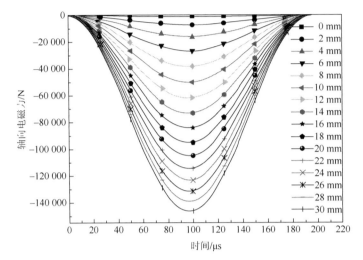

图 3.16　顶-底线圈不同高度轴向电磁力随时间的分布规律

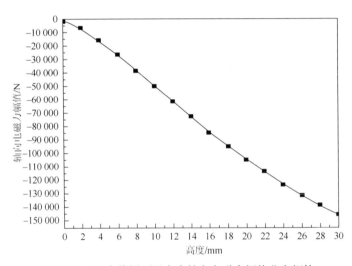

图 3.17　顶-底线圈不同高度轴向电磁力幅值分布规律

　　图 3.18 为在顶-底线圈不同高度时所对应的径向电磁力与轴向电磁力幅值比值。随着顶-底线圈高度的不断增大，径向电磁力与轴向电磁力同时增大，但因为顶-底线圈随着高度提升径向电磁力逐渐趋于饱和，而轴向电磁力提升程度没有减缓，所以归一化电磁力峰值的比值 $F_{z(max)}/F_{r(max)}$ 呈现出不断增大的分布规律。从实际角度出发，为在仿真模型中得到占比较大的轴向电磁力，需要选用归一化 $F_{z(max)}/F_{r(max)}$ 较大的值；但由于径向电磁力是不断减小的，过小的径向电磁力无法达到材料的屈服强度，管件将不会发生塑性变形。因此，在线圈实际设计中，除了归一化比值的考虑以外，还需要对径向电磁力的大小进行考虑。

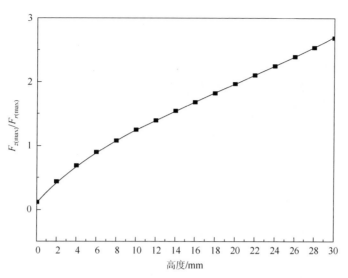

图 3.18 顶-底线圈不同高度与 $F_{z(max)}/F_{r(max)}$ 的分布规律

3.2.5 顶-底线圈外径对电磁力分布规律的影响

保持其他参数设置不变，顶-底线圈外径分别设置为 7 mm、10 mm、13 mm、16 mm、19 mm、22 mm、25 mm、28 mm、31 mm、34 mm、37 mm、40 mm。图 3.19 为在顶-底线圈不同外径时径向电磁力的分布规律。结果表明，随着顶-底线圈外径的增加，径向电磁力先增大后减小。出现这种电磁力分布规律的原因是，当顶-底线圈外径达到某一定值后，会在管件外侧产生一部分反向的径向电磁力，反向的径向电磁力是方向指向管件内侧的压缩力，它抵消了相当一部分由中心线圈所产生胀形的径向电磁力；当外径增加到一定程时，反向的压缩径向电磁力会完全抵消掉甚至超过胀形的径向电磁力，对管件呈现

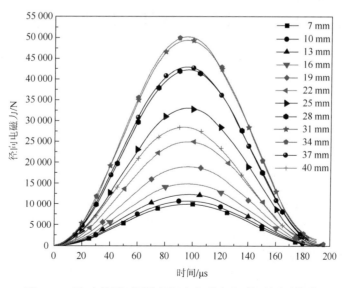

图 3.19 顶-底线圈不同外径径向电磁力随时间的分布规律

出压缩的情况。因为本书所探究的是管件胀形，所以不考虑呈现压缩情况的电磁力。

图 3.20 为顶-底线圈不同外径与径向电磁力幅值的分布规律。当顶-底线圈外径从 7 mm 增加到 16 mm 时，径向电磁力幅值增加平缓；在顶-底线圈外径从 16 mm 增加到 34 mm 的过程中，径向电磁力幅值随着顶-底线圈外径的增加而显著提升；当顶-底线圈外径为 30～34 mm 时，工件所受径向电磁力的幅值达到最大范围；当顶-底线圈外径超过 34 mm 之后径向电磁力幅值显著下降。

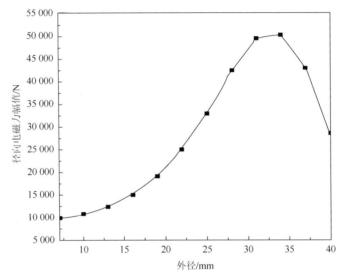

图 3.20　顶-底线圈不同外径与径向电磁力幅值的分布规律

图 3.21 为顶-底线圈不同外径对轴向电磁力分布规律的影响。结果表明，轴向电磁

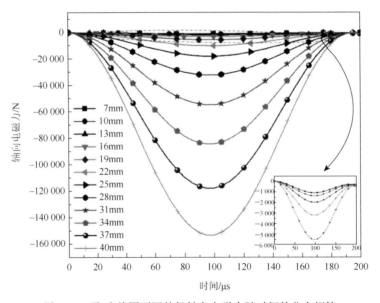

图 3.21　顶-底线圈不同外径轴向电磁力随时间的分布规律

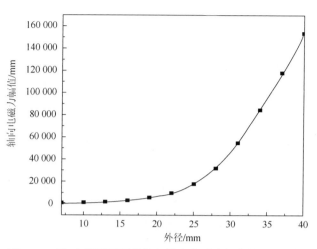

图 3.22　顶-底线圈不同外径与轴向电磁力幅值的分布规律

力随着顶-底线圈外径的增大而增大。图 3.22 为顶-底线圈不同外径与轴向电磁力幅值的分布规律。结果表明，当顶-底线圈外径从 7 mm 增加到 25 mm 时，外径的增加对轴向电磁力影响较小，轴向电磁力增加幅度平缓；当顶-底线圈外径超过 25 mm 之后，轴向电磁力的幅值得到显著提升。

图 3.23 为顶-底线圈不同外径所对应的轴向电磁力峰值 $F_{z(max)}$ 与径向电磁力峰值 $F_{r(max)}$ 归一化处理的比值。通过归一化处理结果可以看出，随着线圈外径的增加，归一化的比值 $F_{z(max)}/F_{r(max)}$ 逐渐增大。顶-底线圈外径为 7~25 mm 时，归一化比值 $F_{z(max)}/F_{r(max)}$ 增加相对平缓，当顶-底线圈外径大于 25 mm 之后，归一化比值 $F_{z(max)}/F_{r(max)}$ 显著提升。这主要是因为当顶-底线圈外径为 7~25 mm 时，虽然轴向电磁力和径向电磁力同时增大，但轴向电磁力增幅相对平缓，从而归一化比值缓慢提升；当顶-底线圈外径大于 34 mm 之后，径向电磁力显著下降，顶-底线圈外径归一化比值 $F_{z(max)}/F_{r(max)}$ 得到大幅度提升。从实际角度出发，为在仿

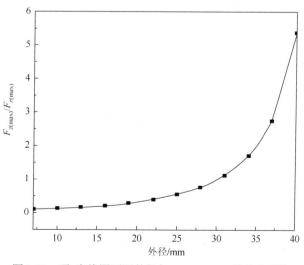

图 3.23　顶-底线圈不同外径与 $F_{z(max)}/F_{r(max)}$ 的分布规律

真模型中得到占比较大的轴向电磁力，需要选用归一化 $F_{z(max)}/F_{r(max)}$ 较大的值，但与此同时，需要考虑过小的径向电磁力无法达到材料的屈服强度，管件将不会发生塑性变形。因此，在线圈实际设计中，除考虑归一化比值以外，还需要考虑径向电磁力的大小。

3.2.6 顶-底线圈内径对电磁力分布规律的影响

保持其他参数设置不变，顶-底线圈内径分别设置为 7 mm、10 mm、13 mm、16 mm、19 mm、22 mm、25 mm、28 mm、31 mm、34 mm。图 3.24 为在不同顶-底线圈内径时径向电磁力的分布规律。结果表明，随着顶-底线圈内径的增大，工件所受径向电磁力逐渐减小。图 3.25 为在顶-底线圈不同内径时工件所受径向电磁力的峰值。结果表明，随着顶-底线圈内径的增加，径向电磁力衰减的快慢程度相差不大。

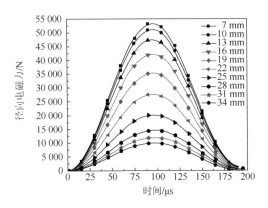

图 3.24　顶-底线圈不同内径径向电磁力　　　图 3.25　顶-底线圈不同内径与径向电磁力
　　　　随时间的分布规律　　　　　　　　　　　　　幅值的分布规律

图 3.26 为顶-底线圈不同内径对工件所受轴向电磁力分布的影响。结果表明，轴向电磁力随着顶-底线圈内径的增大而减小。图 3.27 为在不同顶-底线圈内径时轴向电磁

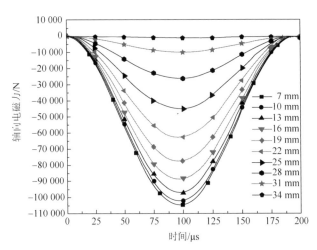

图 3.26　顶-底线圈不同内径轴向电磁力随时间的分布规律

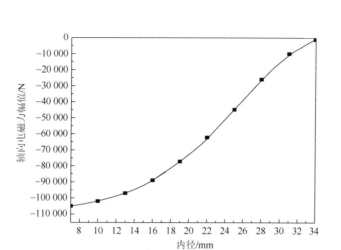

图 3.27　顶-底线圈不同内径与轴向电磁力幅值的分布规律

力幅值的分布规律。结果表明，随着顶-底线圈内径的增大，轴向电磁力幅值减小的快慢程度相差不大。

图 3.28 为顶-底线圈不同内径时工件所对应的轴向电磁力峰值 $F_{z(\max)}$ 与径向电磁力峰值 $F_{r(\max)}$ 归一化处理的比值。通过归一化处理结果可以看出，当顶-底线圈内径从 7 mm 增加到 22 mm 的过程中，随着线圈内径的增加，归一化的比值 $F_{z(\max)}/F_{r(\max)}$ 存在小幅度增大，增大趋势平缓；顶-底线圈内径大于 25 mm 之后，归一化比值 $F_{z(\max)}/F_{r(\max)}$ 急剧下降。

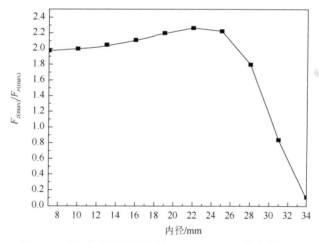

图 3.28　顶-底线圈不同内径与 $F_{z(\max)}/F_{r(\max)}$ 的分布规律

3.3　工件壁厚的影响因素

3.3.1　顶-底线圈高度对壁厚减薄量的影响

在其他参数不变的情况下，建立16组不同顶-底线圈高度仿真模型，顶-底线圈高度分别设置为 0 mm、2 mm、4 mm、6 mm、8 mm、10 mm、12 mm、14 mm、16 mm、18 mm、20 mm、22 mm、24 mm、26 mm、28 mm、30 mm，探究上述 16 组模型工件壁厚减薄量。表 3.4 所示为上述探究仿真模型在新型线圈中顶-底线圈不同高度与传统线圈相同内壁胀形量时所对应的内、外壁中心节点胀形量及壁厚减薄量，外施电流密度及归一化比值 K。

表 3.4 新型线圈顶-底线圈不同高度与传统线圈相同内壁胀形量所对应的壁厚减薄量及归一化比值

顶-底线圈高度/mm	新型线圈内壁中心节点胀形量/mm	新型线圈外壁中心节点胀形量/mm	新型成形中心节点壁厚减薄量/mm	传统线圈外电流密度/(A/m²)	传统线圈内壁中心节点胀形量/mm	传统线圈外壁中心节点胀形量/mm	传统成形中心节点壁厚减薄量/mm	归一化比值 K
0	0	0	0	0	0	0	0	—
2	0.145	0.135	0.010	1.326×10^9	0.1440	0.132	0.012	0.857
4	1.230	1.161	0.072	1.601×10^9	1.2330	1.136	0.097	0.743
6	2.598	2.470	0.129	1.814×10^9	2.5966	2.398	0.199	0.648
8	3.930	3.766	0.164	1.991×10^9	3.9366	3.641	0.295	0.555
10	5.153	4.974	0.179	2.13×10^9	5.1590	4.781	0.378	0.474
12	6.192	6.014	0.177	2.236×10^9	6.1900	5.745	0.445	0.399
14	7.048	6.884	0.164	2.318×10^9	7.0480	6.550	0.498	0.329
16	7.724	7.581	0.143	2.379×10^9	7.7240	7.184	0.540	0.264
18	8.233	8.118	0.116	2.423×10^9	8.2340	7.664	0.570	0.203
20	8.596	8.509	0.086	2.453×10^9	8.5900	7.999	0.591	0.146
22	8.842	8.787	0.055	2.474×10^9	8.8430	8.238	0.606	0.090
24	9.004	8.981	0.023	2.480×10^9	9.0050	8.390	0.615	0.038
26	9.093	9.102	−0.010	2.495×10^9	9.0910	8.471	0.620	−0.016
28	9.107	9.152	−0.045	2.496×10^9	9.1060	8.485	0.621	−0.072
30	9.064	9.145	−0.081	2.493×10^9	9.0620	8.444	0.619	−0.131

图 3.29 和图 3.30 所示分别为管件内壁和外壁中心节点胀形量随时间变化的曲线。图 3.31 将内壁胀形量与外壁胀形量做差值，得出工件中心节点壁厚减薄量随时间的变化曲线。

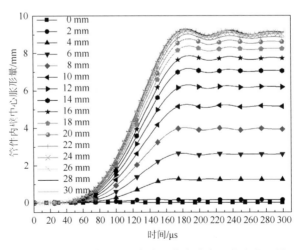

图 3.29 顶-底线圈不同高度工件内壁中心节点胀形量

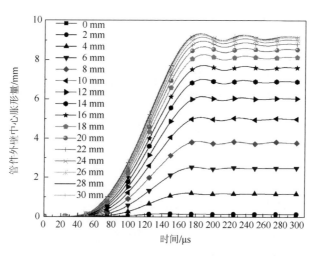

图 3.30　顶-底线圈不同高度工件外壁中心节点胀形量

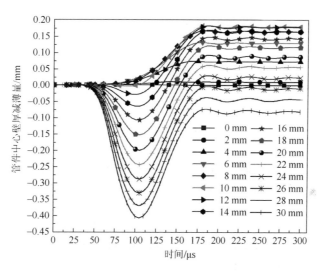

图 3.31　顶-底线圈不同高度工件壁厚减薄量

　　为了能够实现传统管件胀形与轴向压缩式管件电磁胀形在工件壁厚减薄量上的对比分析，针对上述数据，按第 2 章所述在壁厚减薄量中的分析方法进行归一化处理。需要说明的是，当顶-底线圈高度为 0 时，即顶-底线圈不存在时，由于工件处于弹性变形阶段，此时的数据不具有研究意义，后续分析中不再涉及。

　　通过归一化的对比分析，K 值越大，对于抑制壁厚减薄量的效果越差；K 值越小，对于抑制壁厚减薄量的效果越好。随着顶-底线圈外径的增大，轴向电磁力在整个模型中所占比值增大，对于抑制工件壁厚减薄量的效果越好。图 3.32 所示横坐标为 $F_{z(\max)}/F_{r(\max)}$，纵坐标为 K 值的归一化处理数据图。由图 3.32 可以看出，随着 $F_{z(\max)}/F_{r(\max)}$ 的增大，K 值降低，也就是说，在实际试验中，随着轴向力在 $F_{z(\max)}/F_{r(\max)}$ 中比值的增大，对于抑制工件壁厚减薄的效果也明显，两者之间近似呈现线性分布规律。

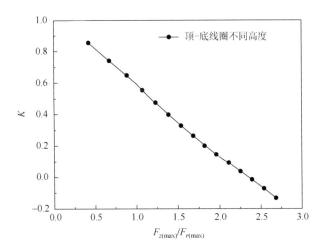

图 3.32 顶-底线圈不同高度归一化数据图

3.3.2 顶-底线圈外径对壁厚减薄量的影响

保持其他参数设置不变，顶-底线圈外径分别设置为 7 mm、10 mm、13 mm、16 mm、19 mm、22 mm、25 mm、28 mm、31 mm、34 mm、37 mm、40 mm。需要特别说明的是，在仿真模型中，顶-底线圈的内径设置为 7 mm。上述顶-底线圈外径为 7 mm 时所对应的模型是在顶-底线圈外径等于内径时，即只存在传统胀形线圈的极端情况。

表 3.5 所示为上述外径探究仿真模型在新型线圈中顶-底线圈不同外径与传统线圈相同内壁胀形量时所对应的内、外壁中心节点胀形量及壁厚减薄量，外施电流密度及归一化比值 K。

表 3.5 新型线圈顶-底线圈不同外径与传统线圈相同内壁胀形量所对应的壁厚减薄量与归一化比值

顶-底线圈外径/mm	新型线圈内壁中心节点胀形量/mm	新型线圈外壁中心节点胀形量/mm	新型成形中心节点壁厚减薄量/mm	传统线圈外电流密度/（A/m²）	传统线圈内壁中心节点胀形量/mm	传统线圈外壁中心胀形节点量/mm	传统成形中心节点壁厚减薄量/mm	归一化比值 K
7	0	0	0	0	0	0	0	——
10	0	0	0	0	0	0	0	——
13	0	0	0	0	0	0	0	——
16	0.008	0.007	0.001	1.232×10^9	0.008	0.007	0.001	0.925
19	0.342	0.317	0.025	1.396×10^9	0.343	0.316	0.028	0.910
22	1.260	1.175	0.086	1.606×10^9	1.260	1.160	0.099	0.860
25	2.795	2.627	0.168	1.842×10^9	2.795	2.582	0.214	0.786
28	4.993	4.744	0.249	2.113×10^9	5.005	4.638	0.367	0.677
31	6.965	6.711	0.254	2.310×10^9	6.950	6.458	0.493	0.516
34	7.724	7.581	0.143	2.380×10^9	7.731	7.190	0.540	0.264
37	6.947	7.032	−0.085	2.310×10^9	6.951	6.458	0.493	−0.173
40	5.231	5.614	−0.383	2.135×10^9	5.203	4.823	0.381	−1.006

图 3.33 和图 3.34 所示分别为管件内壁和外壁中心节点胀形量随时间变化的曲线。图 3.35 是将内壁胀形量与外壁胀形量做差值，得出工件中心节点壁厚减薄量随时间的变化曲线。

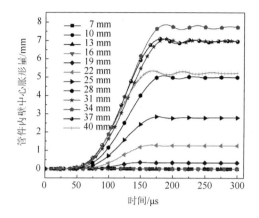

图 3.33　顶-底线圈不同外径工件内壁
中心节点胀形量

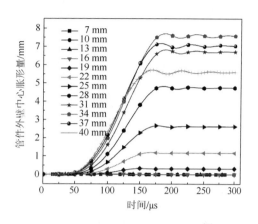

图 3.34　顶-底线圈不同外径工件外壁
中心节点胀形量

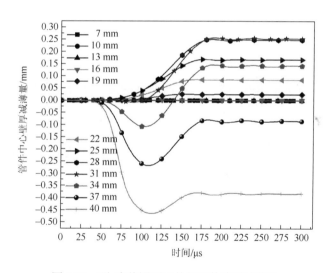

图 3.35　顶-底线圈不同外径工件壁厚减薄量

为了能够实现传统管件胀形和轴向压缩式管件电磁胀形在工件壁厚减薄量上的对比分析，对上述数据按第 2 章所述在壁厚减薄量的分析中采用归一化处理。需要说明的是，当顶-底线圈外径为 7 mm、10 mm、13 mm 时，由于工件处于弹性变形阶段，此时的数据不具有研究意义，后续分析中不再涉及。

通过归一化的对比分析，K 值越大，对于抑制壁厚减薄量的效果越差；K 值越小，对于抑制壁厚减薄量的效果越好。随着顶-底线圈外径的增大，轴向电磁力在整个模型中所占比值增大，对于抑制工件壁厚减薄量的效果越好。图 3.36 所示横坐标为 $F_{z(\max)}/F_{r(\max)}$，纵

坐标为 K 值的归一化处理数据图，通过图 3.36 可以看出，随着 $F_{z(max)}/F_{r(max)}$ 的增大，K 值降低，也就是说，在实际试验中，随着轴向力在 $F_{z(max)}/F_{r(max)}$ 中比值的增大，对于抑制工件壁厚减薄的效果也明显，两者之间近似呈现线性分布规律。

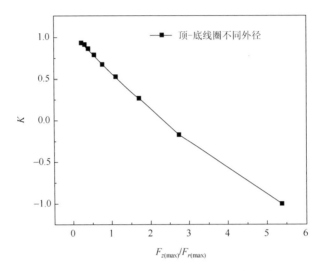

图 3.36 顶-底线圈不同外径归一化数据图

将归一化数据图 3.32 和图 3.36 进行汇总，如图 3.37 所示，可以看出两条曲线几乎重合。该曲线分布规律表明，无论是改变顶-底线圈高度还是改变顶-底线圈外径，只要是实现了对于 $F_{z(max)}/F_{r(max)}$ 比值的改变，其所达到的工件壁厚减薄效果是相同的。

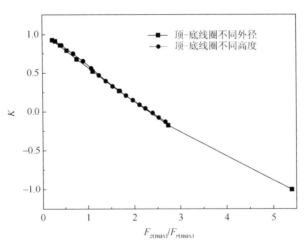

图 3.37 汇总归一化数据图

本节通过控制变量法，在保证其他参数条件不变的前提下，从放电脉宽参数及线圈结构参数两个方面入手，采用归一化方法进行对比，探究各项参数对于电磁力分布规律及工件壁厚减薄量的影响。

3.4　传统线圈成形与新型线圈成形对比试验

通过 3.3 节的对比性仿真分析与方案探究，本节进一步地开展其所对应的试验方案设计。为了进行试验验证，本书依托华中科技大学国家脉冲强磁场科学中心，搭建轴向压缩式管件电磁胀形的电磁成形试验设备，力求突破现有单线圈电磁管件胀形所存在的壁厚严重减薄问题，为数值仿真分析结果提供必要的试验验证。

线圈采用 2×4mm 的铜导线绕制而成，胀形线圈 4 匝 5 层；顶-底部线圈都是 5 匝 4 层。选用储能值为 160 μF 的电容器作为脉冲电容，分别建立传统管件胀形和轴向压缩式管件胀形两组试验。成形工件选用内径 50 mm、厚度 1 mm 的 1060 铝合金管件。

该系统在传统的单线圈管件电磁胀形的基础上，在管件的上端和下端，分别额外引入一个成形线圈，这里分别称为顶部线圈和底部线圈。顶部线圈、传统胀形线圈和底部线圈彼此串联，形成一个线圈组，由一套脉冲电容器电源进行放电。图 3.38 为轴向压缩式管件电磁胀形的接线示意图。

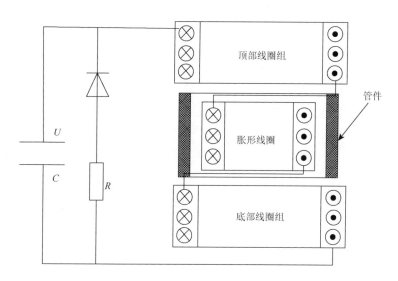

图 3.38　三线圈法电磁胀形系统接线示意图

三线圈系统中各部分的结构尺寸如图 3.39 所示。顶部线圈与底部线圈具有相同结构，内半径、外半径和高度分别为 17.5 mm、32.5 mm 和 24 mm，二者与管件端部的距离为 2 mm。中心线圈内半径、外半径和高度分别为 7.5 mm、23.5 mm 和 20 mm，管件内径为 50 mm，厚度分别为 3 mm、5 mm、6 mm。仿真所用各线圈结构参数和放电系统参数如表 3.6 所示。

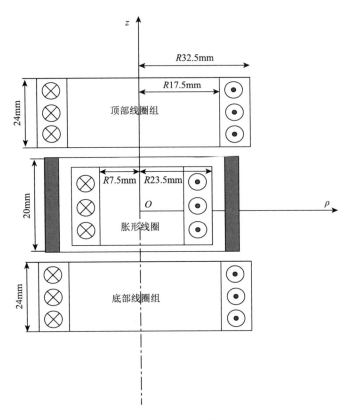

图 3.39　三线圈管件胀形尺寸标示图

表 3.6　三线圈法中各线圈仿真参量

线圈名称	胀形线圈	顶-底线圈
线圈匝数	4	5
线圈层数	5	4
脉冲电容器电容量/μF	160	160
续流电阻/mΩ	200	800
电源线路电阻/mΩ	20	18
电源线路电感/μH	5	80

　　本书中所有成形线圈均采用绕线式方法来加工，在如图 3.40 所示的脉冲磁体专用绕线机上实施完成。为了开展轴向压缩式管件电磁胀形试验，图 3.41 为加工过程中的线圈实物图，图 3.41（a）为横截面 2 mm×4 mm 铜导线的绕制过程，图 3.41（b）为 Zylon 的绕制过程。为了后续管件电磁胀形试验的开展，通过绕线机共进行三个成形线圈的绕制，分别如图 3.41 所示。其中，图 3.41 所示成形线圈顶-底线圈高度为 24 mm，中间胀形线圈高度为 20 mm。

图 3.40 成形线圈绕制时所用的绕线机

(a) 绕制铜导线

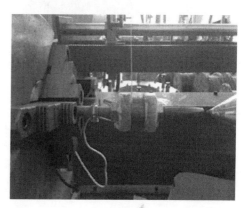

(b) 绕制Zylon

图 3.41 成形线圈绕制过程

为了能够有效地进行对比验证，管件电磁胀形试验主要分为两部分：第一部分为单线圈管件电磁胀形试验；第二部分为轴向压缩式管件电磁胀形试验。试验装置的工装方式以这两部分分开进行说明。

单线圈管件电磁胀形试验：工装完毕后，将 25 kV/200 kJ 脉冲电容器电源系统的引出线正端和负端分别接在线圈的两个铜接头上，进行放电试验。图 3.42 为工装之后的单线圈管件胀形装置。

轴向压缩式管件电磁胀形试验：在试验中，除了要将放在管件中部的成形线圈、管件和模具三者同轴外，放在管件上、下两端的两个线圈也要与管件和中心成形线圈同轴放置。将顶部线圈、胀形线圈和底部线圈依次进行串联，将 25 kV/200 kJ 电源系统的引出线正、负端与中心线圈的铜接头相连，25 kV/1 MJ 电源系统引出线的正、负端分别与上线圈和下线圈各空余出的一个接头相连。图 3.43 为工装之后的轴向压缩式管件电磁胀形装置。需要说明的是，为了形成有效对比试验验证，轴向压缩式管件电磁胀形装置中的中间线圈与单线圈管件电磁胀形装置所绕制的线圈是完全相同的。

图 3.42　单线圈管件胀形装置

图 3.43　轴向压缩式管件电磁胀形装置

基于华中科技大学国家脉冲强磁场科学中心，开展轴向压缩式管件电磁胀形的电磁成形装置进行试验探究。试验由电容量为 320 μF 的电源系统进行供电，传统胀形线圈与轴向压缩式管件胀形线圈放电对比参数如表 3.7 所示。

表 3.7　放电对比试验数据

传统线圈管件胀形			轴向压缩式管件胀形		
放电电压/kV	平均成形直径/mm	平均成形高度/mm	放电电压/kV	平均成形直径/mm	平均成形高度/mm
13.7	50.620	20.005	14	50.054	19.997
13.8	50.701	20.008	15	50.320	19.268
14.0	胀破	20.009	16	50.703	19.546

对比轴向压缩式管件电磁胀形放电电压 16 kV 与传统管件胀形试验中放电电压为 13.8 kV 的管件成形高度，目的是探究在相同内壁胀形量的情况下，轴向压缩式电磁胀形的管件壁厚减薄量与传统单线圈管件胀形时管件壁厚减薄量的区别。结果表明，轴向压缩式管件电磁胀形放电电压 16 kV 成形管件高度小于传统管件胀形试验中放电电压为 13.8 kV 的管件成形高度，高度减小了 2.309%，这说明在相同胀形量的情况下，工件产生了轴向流动，这与仿真结果呈现出一致的规律。图 3.44 为相同内壁胀形量时管件的高度对比图。

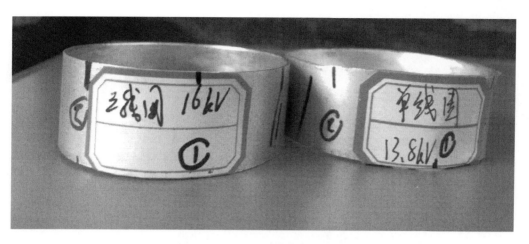

图 3.44　三线圈与单线圈结果的比较

第<big>**4**</big>章

双线圈和单线圈轴向压缩式管件电磁胀形

4.1 双线圈轴向压缩式管件电磁胀形基本原理

管件电磁胀形作为强磁场的运用之一，受到强磁场技术的极大影响，传统强磁场发生装置通常为螺线管线圈，当强磁场技术应用于管件胀形时，理所当然地选择螺线管线圈作为磁场发生装置。螺线管线圈具有磁场对称、绕制简单、工装容易实现等多个优点，且运用磁体制造进行层间加固，保证了磁体本身的强度。但是，螺线管线圈同时也具有磁场方向不容易改变、无法实现精确控制等缺点，为克服单螺线管线圈的这些缺点，实现异型管件的成形，解决壁厚和强度无法同时满足的矛盾等，催生出多种电磁力加载方案，轴向压缩式管件电磁胀形就是其中一种，主要解决管件胀形过程中壁厚减薄的问题。为实现轴向压缩，在传统单线圈胀形的基础上，在管件两端增加了轴向压缩线圈来提供轴向电磁力，使管件在发生径向胀形的同时，管件材料发生轴向流动，填补了管件由于径向胀形而减薄的壁厚。

传统管件电磁胀形时，将单个螺线管线圈置于管件内部（图 4.1）；通过电容器电源对螺线管线圈放电，产生一脉冲电流，同时在管件内部产生感应涡流；脉冲电流与感应涡流之间的电磁斥力驱动管件加速并最终实现胀形工艺。忽略渐近线及端部效应的影响，螺旋管线圈可等效为多个闭合圆环，在仿真研究时可将管件电磁胀形简化为二维轴对称模型。又由于其上下部分对称，可将模型进一步简化为四分之一模型。

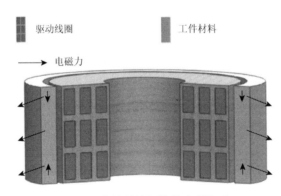

图 4.1 传统单线圈管件电磁胀形

采用单个螺线管线圈实现管件电磁胀形时，由于螺线管线圈磁场分布的规律受胀形线圈和管件相对位置的影响，管件所处位置磁感应强度以轴向分量为主。由麦克斯韦方程组可知，管件径向电磁力由轴向磁场决定，轴向电磁力由径向磁场决定，这就使得管件受到的电磁力以径向分量为主，轴向电磁力几乎为零，从而导致传统管件电磁胀形时仅受径向电磁力作用，壁厚减薄量过大。笔者首次提出了轴向压缩式管件电磁胀形，该方法通过合理设计线圈结构，采用径向电磁力和轴向电磁力双向加载，在管件发生径向胀形的同时也发生轴向流动，从而减小管件成形过程中的壁厚减薄量，提高成形管件的机械强度。该方法在三线圈轴向压缩式管件电磁胀形的基础上通过对电磁力分布的进一步研究，发展出轴向压缩式双线圈结构，无须中间胀形线圈，通过顶底线圈同时提供轴向电磁力和径向电磁力，管件电磁胀形系统装配简单，更容易实现，如图 4.2 所示。

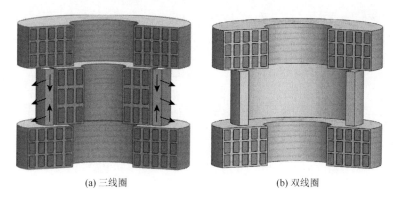

（a）三线圈　　　　　　　　　　（b）双线圈

图 4.2　线圈轴向压缩式管件电磁胀形

4.2　双线圈轴向压缩式管件电磁胀形电磁力分布规律

电磁胀形是一个涉及电磁场、结构场和热力学等多个物理场的耦合过程，其理论分析较为复杂，先后出现了等效电路法、等效磁路法、麦克斯韦方程解析法和有限元法等，其中前三种方法由于其计算的准确度不够且计算过程过于复杂，现在已基本不采用，但是其计算方法的发展促进了有限元法的发展，使有限元法从传统的结构有限元分析进入了电磁成形的分析领域。

目前主要采用有限元分析软件进行电磁成形的分析，本书采用 COMSOL 软件建立电磁管件胀形过程中电磁-结构耦合四分之一有限元模型。基于前面的分析，其模型可等效为一个轴对称模型，由于其上下对称，又可简化为四分之一模型，轴向压缩式管件电磁胀形分析模型如图 4.3 所示。管件材料采用 1060 铝，其力学及电学参数如表 4.1 和表 3.1 所示。

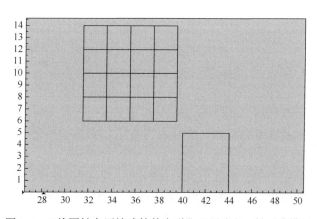

图 4.3　双线圈轴向压缩式管件电磁胀形四分之一轴对称模型

表 4.1 外电路参数

参数符号	参数描述	参数值
C	电源电容/μF	320
L_1	线路电感/μH	5
R_1	线路电阻/Ω	0.02
R_d	续流电阻/Ω	20

根据电磁成形电路理论分析,其激励电流可简化为一衰减的正弦波,电流方程为

$$i = \frac{u_0}{L\omega_d} \cdot \mathrm{e}^{-at} \sin \omega_d t \qquad (4.1)$$

4.2.1 电磁力的归一化处理

传统管件电磁胀形和轴向压缩式管件磁脉冲胀形受力方式的不同,决定了单纯性的径向力或轴向力对比都不再具有比较意义,需将轴向电磁力和径向电磁力进行归一化,得到具有可比性意义的比值关系。本书研究的重点是轴向压缩式加载方法对管件电磁力的影响及管件成形效果,换言之就是管件所受轴向电磁力的轴向压缩作用,所以使管件发生胀形的径向电磁力与使管件发生轴向压缩的轴向电磁力的共同作用是本书关注的要点,通过归一化的方法将轴向电磁力和径向电磁力进行归一化,定义 f 为工件轴向电磁力峰值 F_z 与径向电磁力峰值 F_r 的比值,即

$$f = F_z / F_r \qquad (4.2)$$

通过 F_z/F_r 对轴向压缩式管件胀形加载方式进行探究,研究在同一模型不同参数条件下该比值的变化规律,即在产生相同径向胀形的情况下,不同的加载方式会有不同的轴向电磁力,产生不同的轴向压缩效果。在同一模型里,在径向电磁力一定时,或者说内壁胀形量一定时,该比值越大,说明在该模型中轴向压缩效果越好,管件轴向流动越大。该比值直接影响管件壁厚减薄量,将成为后续章节研究的重点。

4.2.2 初始电压与电磁力的关系

由于本书的关注点是轴向压缩的轴向电磁力及成形效果分析,需要将管件电磁力分解为轴向电磁力和径向电磁力进行分析,只有当线圈结构参数一定时,在不同初始电压条件下轴向电磁力与径向电磁力的比值一定时,这种分析才具有意义。此处按照上述步骤建立双线圈结构的四分之一轴对称模型,保持线圈结构参数不变,分别设置初始电压为 5 000～12 500 V,每阶增加 500 V 进行仿真,得出轴向电磁力和径向电磁力峰值及其比值如表 4.2 所示。

表 4.2　轴向电磁力和径向电磁力峰值

电压/kV	径向力/N	轴向力/N	F_z/F_r
5.0	51 956.311 66	−70 490.326 63	−1.356 723 070
5.5	62 836.913 38	−85 263.312 43	−1.356 898 483
6.0	74 276.492 52	−100 785.641 2	−1.356 898 229
6.5	87 764.026 40	−119 086.875 0	−1.356 898 491
7.0	101 875.464 50	−138 232.025 4	−1.356 872 591
7.5	116 945.616 70	−158 679.989 1	−1.356 869 916
8.0	133 051.130 30	−180 535.427 6	−1.356 887 591
8.5	150 130.660 70	−203 719.636 7	−1.356 948 913
9.0	168 038.402 30	−228 092.673 7	−1.357 384 208
9.5	187 571.848 80	−254 601.955 3	−1.357 356 965
10.0	207 835.843 50	−282 107.429 7	−1.357 356 965
10.5	229 041.981 90	−310 895.021 5	−1.357 371 338
11.0	251 283.251 90	−341 087.086 3	−1.357 380 899
11.5	274 402.256 70	−372 468.611 2	−1.357 381 735
12.0	298 597.489 60	−405 312.199 2	−1.357 386 493
12.5	323 758.909 40	−439 457.591 6	−1.357 360 613

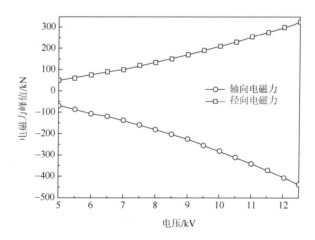

图 4.4　电磁力峰值随电压变化曲线

如表 4.3 和图 4.4 所示，当线圈结构参数固定时，在不同电压下其轴向电磁力和径向电磁力随着电压变化呈二次多项式规律变化，但是轴向电磁力和径向电磁力的比值基本保持不变，也就是说，当线圈结构参数一定时，不论外部初始电压如何变化，其轴向电磁力和径向电磁力的比值 F_z/F_r 总是保持不变的，只有在该条件下研究线圈结构对轴向电磁力和径向电磁力的影响才能控制单一变量，使分析具有确定性。该结论也可以运用到其他线圈结构。

4.2.3　三种驱动线圈结构磁通密度和电磁力对比

由电磁成形理论知识可知，电磁力由感应涡流和磁场强度决定。因此，为初步分析双线圈轴向压缩式管件电磁胀形的可行性及其优势所在，需建立模型对双线圈轴向压缩式方法、三线圈轴向压缩式方法与传统单线圈胀形方法进行对比分析，主要分析其磁场强度的分布和电磁力的分布。

基于上述有限元模型，对比分析单线圈、三线圈和双线圈管件电磁胀形磁场强度及电磁力分布规律。胀形对象为一内径 80 mm、壁厚 4 mm、高度 20 mm 的 1060 铝合金管件。三组线圈的几何参数如表 4.3 所示。考虑到实际加工工艺与绝缘问题，顶部、底部线圈与管件端部的轴向距离设置为 2 mm，中间胀形线圈与管件内壁的距离设置为 2 mm。通过多次仿真，得出其内壁胀形量一致时管件所受电磁力和磁场强度分布情况。

表 4.3　三组线圈的几何参数

胀形方法	线圈	高度/mm	内径/mm	外径/mm
传统单线圈	胀形线圈	20	24	36
三线圈轴向压缩式	胀形线圈	20	24	36
	顶底线圈	12	34	46
双线圈轴向压缩式	顶底线圈	12	17	41

通过上面分析可知，改变电压会改变电磁力大小但不会改变电磁力的分布规律，为了使分析更具有对比性，保证三种方案的管件内壁胀形量一致。根据 4.2.2 小节的分析可知，当线圈结构参数一定时，改变电压不会改变电磁力分布规律，其轴向电磁力与径向电磁力的比值是固定的。选取上述三种结构变形量为 6.4mm 时进行分析，此时传统单线圈电容电压为 11.5 kV，三线圈电容电压为 10 kV，双线圈电容电压为 17.5 kV。

从上面分析可知，电磁力主要与磁通密度（即磁感应强度）和感应电流密度有关，此处分析磁通密度时将电流设置为固定不变的脉冲电流，保证胀形过程中变量统一。选取管件纵截面轴向中心线上的磁通密度进行分析，三种结构磁通密度如图 4.5 所示。

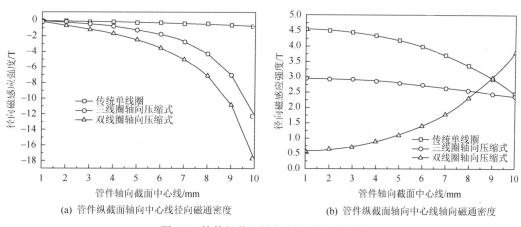

(a) 管件纵截面轴向中心线径向磁通密度　　(b) 管件纵截面轴向中心线轴向磁通密度

图 4.5　管件纵截面轴向中心线磁通密度

图 4.5（a）为三组线圈在管件纵截面轴向中心线（图 4.1）处产生的径向磁感应强度。径向磁感应强度将直接影响管件轴向电磁力的大小；采用传统单线圈时管件径向磁感应强度几乎为零，仅在线圈端部存在很小的磁感应强度；采用三线圈和双线圈时管件径向磁感应强度明显增大，且双线圈系统的径向磁感应强度最大，三线圈和双线圈径向磁感应强度分布规律基本相同，都为从管件中部向端部逐渐增大，这是由双线圈结构和三线圈结构两端顶底线圈和管件端部距离较近造成的。图 4.5（b）为三组线圈在管件纵截面轴向中心线处产生的轴向磁感应强度。轴向磁感应强度将直接影响管件径向电磁力的大小；采用传统单线圈时管件轴向磁感应强度最大，而采用没有中间胀形线圈的双线圈时管件轴向磁感应强度最小；同时，采用单线圈和三线圈时轴向磁感应强度由中心向端部逐渐减小，而采用双线圈时轴向磁感应强度由中心到端部逐渐增大，这是由双线圈结构缺少中间胀形线圈，径向电磁力被削弱导致的。

由电磁成形理论知识可知，电磁力由磁感应强度和环向感应电流密度共同决定，图 4.6 所示为管件纵截面轴向中心线上环向管件感应电流密度分布，在管件径向胀形量

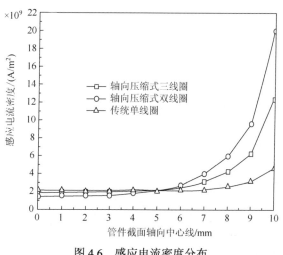

图 4.6　感应电流密度分布

相同的情况下，在管件端部双线圈轴向压缩式方法环向电流密度最大，三线圈轴向压缩式方法次之，传统单线圈方法其磁感应强度最小，其分布规律大致相同；管件中部则正好相反，传统单线圈方法感应电流密度最大，三线圈轴向压缩式方法次之，双线圈轴向压缩式方法环向电流密度最小。此分布规律是由管件和线圈相对位置决定的。

磁感应强度的分布直接影响管件电磁力分布，图 4.7 为三组线圈结构在管件上产生的径向电磁力和轴向电磁力。单从幅值而言，径向电磁力由大到小依次为传统单线圈（113.4 kN）、三线圈轴向压缩式结构（93.3 kN）和双线圈轴向压缩式结构（80.2 kN），轴向电磁力由大到小依次为双线圈轴向压缩式（197.2 kN）、三线圈轴向压缩式（95.5 kN）和传统单线圈（2.2 kN）。三组线圈轴向电磁力与径向电磁力的比值 f 依次为 0.02（传统单线圈）、1.02（三线圈轴向压缩式）和 2.46（双线圈轴向压缩式）。

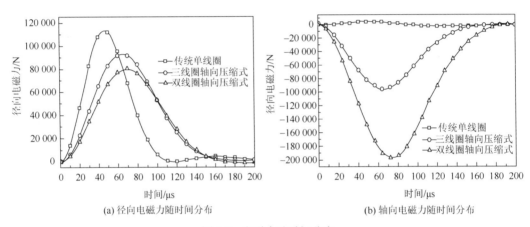

(a) 径向电磁力随时间分布　　　　(b) 轴向电磁力随时间分布

图 4.7　电磁力随时间分布

显然，采用传统单线圈加载时轴向电磁力很小，几乎属于径向电磁力单向加载；而采用双线圈加载时缺少中间胀形线圈，导致径向电磁力偏小，径向胀形能力较弱，需要合理设计其结构参数才能达到较优的成形效果。此外，图 4.7 所示的电磁力数据是在管件内壁胀形量一致的条件下获取的；数据显示，轴向电磁力越大，相同胀形量所需的径向电磁力越小；由此可知，轴向电磁力引起的轴向流动也有助于管件的径向胀形。

进一步地，分析了三组线圈下管件壁厚减薄量，如图 4.8 所示。管件初始内径为 80 mm，厚度为 4 mm，三组线圈下内壁胀形量均为 6.4 mm 左右。三组线圈得到的管件壁厚减薄量依次为 15%（传统单线圈）、6.25%（三线圈轴向压缩式）和–8.75%（双线圈轴向压缩式）。当采用传统单线圈仅施加径向电磁力时，管件因胀形导致壁厚减薄严重，这一现象直接影响了成形管件的机械强度；而施加轴向电磁力之后，可有效抑制管件壁厚减薄量；特别地，采用双线圈轴向压缩式管件电磁胀形时，轴向电磁力远大于径向电磁力，导致管件壁厚没有减薄反而增厚。显然，双线圈系统能够实现径向电磁力和轴向电磁力双向加载，且在相同径向胀形量时，其轴向压缩量要大于三线圈结构。然而，由于缺少中间胀形线圈提供径向电磁力，管件存在壁厚增厚的可能性，这也不是理想的成形效果。基于此，下面将重点研究双线圈系统中线圈几何参数对管件电磁力和壁厚减薄量的影响。

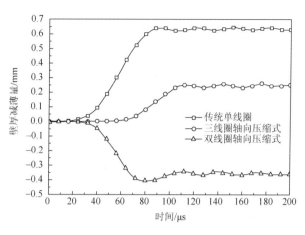

图 4.8　管件壁厚减薄量随时间分布

本节在电磁胀形理论的基础上，通过对三种线圈结构磁感应强度、感应电流密度和电磁力的比较，论证了双线圈轴向压缩式管件电磁胀形的可行性，并通过以上三个参数对比，明确了双线圈轴向压缩式管件电磁胀形方法的优势所在，管件内壁径向胀形量相同时，双线圈轴向压缩式管件电磁胀形方法不仅能够达到减小壁厚减薄量的目的，而且其径向磁感应强度和环向感应电流密度均大于三线圈结构，这就使得在相同径向胀形量下双线圈结构具有更好的轴向电磁力，从而有更好的轴向压缩效果。

4.3　线圈几何参数对管件电磁力和壁厚减薄量的影响

4.3.1　不同线圈几何参数下的管件电磁力分布

脉冲电流是磁场的源，磁场分布主要由线圈几何形状决定，当本节将针对双线圈轴向压缩式管件电磁胀形方法，研究线圈高度、线圈内经和线圈外径等主要几何参数对管件电磁力的影响。

保持其他参数不变，驱动线圈高度分别设置为 2 mm、4 mm、6 mm、8 mm、10 mm、12 mm、14 mm、16 mm、18 mm、20 mm、22 mm、24 mm。图 4.9 为在不同驱动线圈高度时径向电磁力和轴向电磁力及其比值 f 的分布规律。线圈高度增加时，导线总横截面积增大，施加的总脉冲电流也增大，此时径向电磁力和轴向电磁力峰值近似线性增大（轴向电磁力表现为压缩，为负值）；但是，当线圈高度增加到一定值时，其增长趋势变缓，这是由于随着线圈高度增加，其增加部分线圈离管件的相对位置也越来越远，电磁力会逐渐衰减，即当线圈高度增加到一定值时其电磁力的增加会变缓直至稳定；轴向电磁力与径向电磁力的比值 f 也近似呈线性增加，随着线圈高度从 2 mm 增加到 24 mm，f 值从 0.5 增加到 2.2，说明随着线圈高度的增加，轴向电磁力的增大速度要大于径向电磁力，其轴向压缩效果也越来越明显。

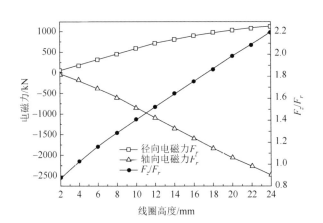

图 4.9　不同线圈高度时管件电磁力分布

保持其他参数不变，驱动线圈内径分别设置为 2 mm、4 mm、6 mm、8 mm、10 mm、12 mm、14 mm、16 mm、18 mm、20 mm、22 mm、24 mm。图 4.10 为在不同驱动线圈内径时径向电磁力和轴向电磁力及其比值 f 的分布规律。随着线圈内径增大，意味着线圈总层数减小，施加的总脉冲电流减小，此时径向电磁力和轴向电磁力峰值同步减小，近似呈二次函数变化；随着内径增大，电磁力比值 f 逐渐增大，但其增长幅度较小，也说明改变线圈内径对轴向压缩效果的影响较小。

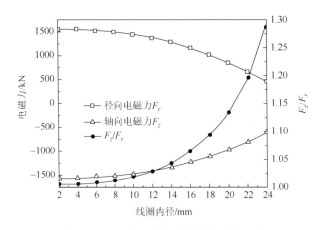

图 4.10　不同线圈内径时管件电磁力分布

保持其他参数不变，驱动线圈外径分别设置为 22 mm、24 mm、26 mm、28 mm、30 mm、32 mm、34 mm、36 mm、38 mm、40 mm、42 mm、44 mm、46 mm。图 4.11 为在不同驱动线圈外径时径向电磁力和轴向电磁力及其比值 f 的分布规律。随着线圈外径增大，导线总横截面积增大，施加的总脉冲电流也增大，其总的径向电磁力峰值先增加，但其增加的规律与线圈高度增加时不同，近似呈二次函数变化；当线圈外径超过管件外径时，会产生部分反向的径向电磁力导致其峰值增长趋势变缓，当线圈外径超过管件外径一定值时，由于反向径向电磁力的作用，径向电磁力开始减小，而轴向电磁力峰值始终增大，电磁力比值 f 先缓慢增大，当径向电磁力减小后，f 开始迅速增大。

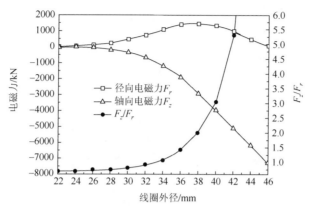

图 4.11　不同线圈外径时管件电磁力分布

轴向压缩式管件电磁胀形和传统管件电磁胀形电磁力的施加方式不同，单纯分析轴向或径向电磁力意义不大，有必要分析线圈几何参数对轴向电磁力（F_z）与径向电磁力（F_r）的比值（F_z/F_r）的影响规律。图 4.9 中，当线圈高度增加时，F_z/F_r 近似呈线性增大，显然轴向电磁力的增长速率大于径向电磁力；图 4.10 中，当线圈内径增加时，F_z/F_r 先缓慢增大而后迅速增大，但其峰值较小，仅为 1.28；图 4.11 中，当线圈外径增加时，F_z/F_r 先缓慢增大，当线圈内径增大到超过管件外径时，受到反向径向电磁力的影响，F_z/F_r 迅速增大，其峰值超过 6.0。

4.3.2　不同线圈几何参数下的管件壁厚减薄量

4.3.1 节分析了不同线圈几何参数下电磁力的分布规律，双线圈轴向压缩式方法的其中一个作用就是减小管件电磁胀形过程中的壁厚减薄量。本小节将在上节的基础上进一步研究不同线圈几何参数下管件壁厚减薄量关系，如图 4.12 所示。

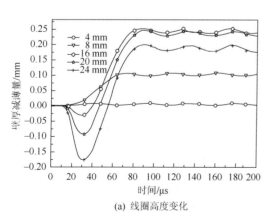

(a) 线圈高度变化

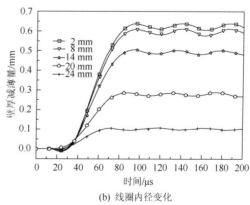

(b) 线圈内径变化

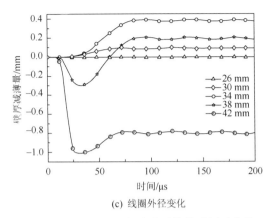

(c) 线圈外径变化

图 4.12   不同线圈几何参数时管件壁厚减薄量

如图 4.12（a）所示，线圈高度增加时，由于径向电磁力不断增大，管件内壁胀形量增大。在线圈高度增加初期，因为轴向电磁力较小，所以轴向压缩效果并不明显，导致壁厚不断减薄；当线圈增加到一定高度时，轴向电磁力足够大，使轴向压缩量不断增大，壁厚减薄量开始减小。但是，由于工件与胀形线圈位置的关系，随着线圈高度的继续增加，轴向电磁力开始达到稳定，继续增加线圈高度轴向压缩效果趋于稳定。如图 4.12（b）所示，线圈内径增大，相当于减少了线圈匝数，总的有效电流开始减小，内壁胀形量也开始减小，此时壁厚减薄量减小没有分析意义。如图 4.12（c）所示，当线圈外径增大时，在线圈外径小于管件内径一定值时，相当于增减线圈匝数，线圈总的有效电流面积不断增大，内壁胀形量不断增大，壁厚不断减小；当继续增大线圈外径，由于线圈和管件位置关系，驱动线圈会产生一个相反的径向电磁力，总的径向电磁力有所减小，而轴向电磁力却是继续增大的，使得轴向电磁力的增加超过了径向电磁力的增加，管件壁厚减薄量开始增大，直到管件壁厚减薄量达到零甚至为负。

前面单纯分析了不同线圈几何参数下管件壁厚减薄量的变化规律，由于没有考虑管件内壁胀形量，管件壁厚减薄是与内壁胀形量密切相关的，并不能完全体现其轴向压缩效果。进一步地，研究不同线圈几何参数时管件中心壁厚减薄量与内壁胀形量的关系。如图 4.13 所示，线圈高度增加时，由于径向电磁力增大，管件内壁胀形量逐步增

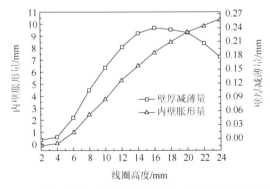

图 4.13   不同线圈高度时管件中心壁厚减薄量和内壁胀形量

大；同时，由图 4.9 可知，随着线圈高度逐渐增大，轴向电磁力与径向电磁力的比值 f 是逐渐增大的，表示轴向电磁力的增大速率大于径向电磁力。因此，当管件胀形量达到某一值时，轴向压缩效果开始大于径向胀形效果，壁厚减薄量开始减小，随着轴向电磁力继续增大，最终管件壁厚减薄量会变为负值，即出现增厚。

如图 4.14 所示，当线圈内径增大时，由于径向电磁力和轴向电磁力均减小，管件内壁胀形量和中心壁厚减薄量都逐渐减小；由图 4.10 可知，电磁力比值 f 在 1.0～1.3 内变化，变化范围不大，且比值较小，所以随着内径增大，管件壁厚减薄量与内壁胀形量变化趋势基本相同；随着线圈内径进一步增大，当电磁力不足以使管件发生胀形时，壁厚减薄量变为零。

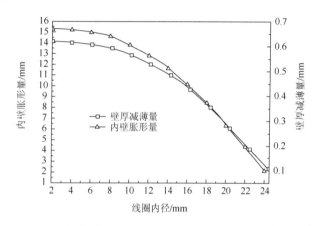

图 4.14　不同线圈内径时管件中心壁厚减薄量和内壁胀形量

如图 4.15 所示，等线圈外径增大时，管件径向胀形量和中心壁厚减薄量都呈现先增大后减小的趋势，由图 4.11 可知，电磁力比值 f 始终呈现增大趋势，且随着线圈外径大于管件外径，f 值迅速增大，使得壁厚减薄量迅速减小直至变成负值，这与其电磁力分布特性一致。

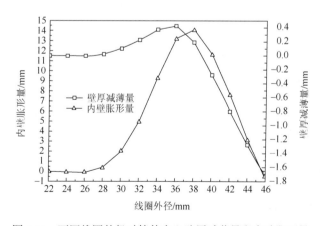

图 4.15　不同线圈外径时管件中心壁厚减薄量和内壁胀形量

本节从线圈几何参数出发研究了线圈几何参数与管件电磁力的关系以及管件壁厚减薄量与胀形量的关系，验证了管件壁厚减薄量与电磁力分布规律的一致性。管件轴向电磁力与径向电磁力比值 f 随着线圈高度和线圈外径变化较为敏感，其变化范围较大，但随着线圈内径变化 f 变化范围较小。因此，下一节将着重研究线圈高度变化和外径变化对管件轴向压缩效果的影响。

4.4　管件电磁力与壁厚减薄量的关系

前面研究了管件中心壁厚减薄量与几何参数的关系，分析得出了不同线圈参数下电磁力的相关规律，但并不是在内壁胀形量一定的条件下得到的。在此基础上，本节结合电磁胀形对管件壁厚减薄量的工业要求，分析在同一胀形量条件下 F_z/F_r 与壁厚减薄量的关系。从前面的研究可知，当线圈几何参数一定时，其 F_z/F_r 的值是不变的，为此，本节通过大量的仿真，在同一几何参数（同一 f 值）情况下进行多次不同初始电压下的仿真，得出多组壁厚减薄量和胀形量数据，提取胀形量一定时管件电磁力分布与壁厚减薄量的关系。

从 4.3 节分析可知，当线圈外径和高度不变，内径变化时，相当于仅增大线圈匝数，其轴向电磁力变化趋势与径向电磁力基本相同，其壁厚减薄量与 F_z/F_r 的变化关系近似为一条直线，并没有太大研究意义。此处应对驱动线圈外径变化和高度变化进行必要分析，如表 4.4 所示。显然，当胀形量一定时，F_z/F_r 的值越大，壁厚减薄量就越小；当 F_z/F_r 的值一定时，胀形量越大，壁厚减薄量就越大。

表 4.4　不同线圈几何参数下 F_z/F_r 的值

线圈高度/mm	F_z/F_r	外径/mm	F_z/F_r	内径/mm	F_z/F_r
2	0.881 06	22	0.688 88	2	1.005 37
4	1.027 93	24	0.701 51	4	1.006 32
6	1.161 07	26	0.728 09	6	1.008 46
8	1.287 42	28	0.757 75	8	1.012 37
10	1.408 83	30	0.814 08	10	1.018 74
12	1.526 95	32	0.911 31	12	1.028 46
14	1.642 42	34	1.089 17	14	1.042 75
16	1.757 12	36	1.423 94	16	1.063 33
18	1.869 30	38	2.005 17	18	1.092 78
20	1.980 19	40	3.046 81	20	1.134 49
22	2.089 96	42	5.298 12	22	1.195 89
24	2.199 24	44	13.943 87	24	1.287 42

如图 4.16 所示，当线圈外径增大时，管件内壁胀形量在 30%以下时，随着 F_z/F_r 的增大，壁厚减薄量也缓慢增大，其变化趋势十分微弱；当管件内壁胀形量达到 30%

时，其壁厚减薄量达到稳定，为一条直线；管件内壁胀形量在 30%继续增大时，随着 F_z/F_r 的增大，壁厚减薄量缓慢减小，因为随着驱动线圈外径大于管件内径，会在管件上产生一个向内压缩的径向电磁力，使得径向电磁力的增大趋势变缓，而轴向电磁力却继续增大，即轴向压缩不断增强而径向胀形开始减弱，壁厚减薄量开始减小。但是，其总的趋势变化不大，在 F_z/F_r 在 1.0～3.0 内变化过程中，壁厚减薄量的变化不超过 1%，也就是说，当管件胀形量一定时，同线圈内径变化一样，线圈外径变化对管件胀形效果影响并不大。当线圈高度变化时，若内壁胀形量一定，随着 F_z/F_r 的增大，壁厚减薄量显著减小，说明管件壁厚减薄量对线圈高度变化最为敏感，线圈高度的变化是决定管件壁厚减薄量的关键。

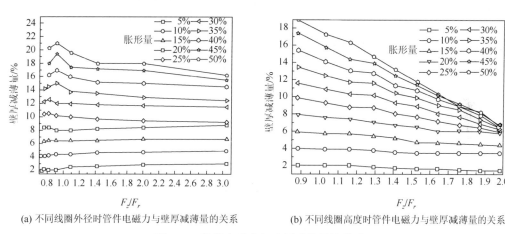

(a) 不同线圈外径时管件电磁力与壁厚减薄量的关系　　(b) 不同线圈高度时管件电磁力与壁厚减薄量的关系

图 4.16　管件电磁力与壁厚减薄量的关系

图 4.16 显示，在保证壁厚减薄量小于 5%的前提下，若期望工件达到 15%的胀形量，F_z/F_r 的值需大于 1.5。为进一步阐明问题，针对内径 80 mm、壁厚 4 mm 的铝合金管件，对比分析传统单线圈管件电磁胀形与双线圈轴向压缩式管件电磁胀形的成形效果。其中，单线圈几何参数为高度 10 mm，外径 39 mm，内径 31 mm；双线圈几何参数为高度 10 mm，外径 40 mm，内径 32 mm。图 4.17 为不同线圈加载时的工件变形轮廓，图 4.18 为电磁力峰值 F_z/F_r 为 1.5 时电磁力随时间分布。在胀形量均为 15%时，采用双线圈时壁厚减薄量为 5.1%，而采用单线圈时壁厚减薄量为 7.1%，壁厚减薄量减小 28.2%，效果明显，且径向胀形量和壁厚减薄量均能满足加工的要求。

针对三线圈轴向压缩式管件电磁胀形存在的工装复杂、配合困难等问题，本书提出双线圈轴向压缩式管件电磁胀形方法。研究表明，双线圈轴向压缩式管件电磁胀形能够为工件同时提供径向电磁力和轴向电磁力。因为缺少中间胀形线圈，径向电磁力明显减小，导致轴向电磁力与径向电磁力的比值增大。当管件内壁胀形量相同时，双线圈加载能够产生更大的轴向电磁力，壁厚减薄量较单线圈明显减小，可使成形工件的胀形量和壁厚减薄量同时满足加工要求。从传统单线圈到轴向压缩三线圈再到轴向压缩双线，双线圈结构很好地解决了三线圈结构工装复杂和配合困难的问题，但是同三线圈一样也有其局限性：一是要想达到比较好的轴向压缩效果，驱动线圈外径

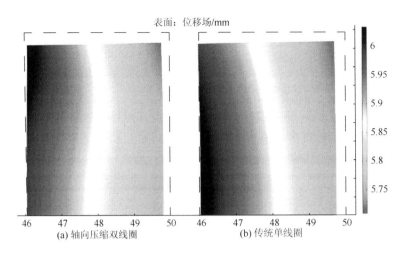

图 4.17　不同线圈加载时的工件变形轮廓

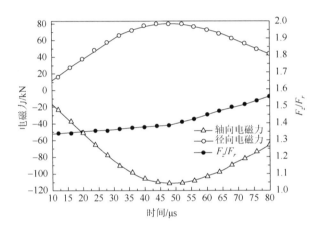

图 4.18　管件电磁力随时间分布

必须小于管径内径,这就导致其不能加工管径过小的管件;二是由于双线圈结构中驱动线圈相对于管件的位置并不平衡,管件内部受力并不均衡,当管件长度过长时,其均匀性得不到保证。通过对三线圈和双线圈结构的分析,三线圈结构的成形均匀性要优于双线圈结构。通过对三线圈和双线圈电磁力分布规律的比较,可以设计成改进型单线圈,即将传统单线圈两端加长,使其伸出管件两端,以达到轴向压缩的作用,同时可以克服三线圈装配困难和双线圈成形均匀性的问题。

4.5　管件厚度改变对胀形性能的影响

4.5.1　不同线圈几何参数下的管件电磁力分布

　　4.3 节从电磁力、线圈几何参数和壁厚减薄量三个角度对双线圈轴向压缩式管件电磁胀形成形性能进行了分析，管件成形性能不仅受驱动线圈的影响，还受到管件本身几何参数和材料性能的影响。本节将改变管件几何参数，对以上电磁力分布规律和壁厚减薄量进行分析。本节将针对内径80 mm、壁厚2 mm的1060铝合金管件进行分析。

图 4.19（a）为双线圈轴向压缩式结构径向磁感应强度沿轴向截面中心线分布，径向磁感应强度将直接影响管件轴向电磁力的大小。采用传统单线圈时管件径向磁感应强度几乎为零，采用双线圈时管件径向磁感应强度明显增大，且由于相对位置的影响，沿中心到端部逐渐减小。图 4.19（b）所示为双线圈轴向压缩式结构轴向磁感应强度沿轴向截面中心线分布，轴向磁感应强度将直接影响管件径向电磁力的大小。相比于传统单线圈结构，采用双线圈结构管件轴向磁感应强度有所减小，且由于相对位置的影响，沿中心到端部逐渐增大。

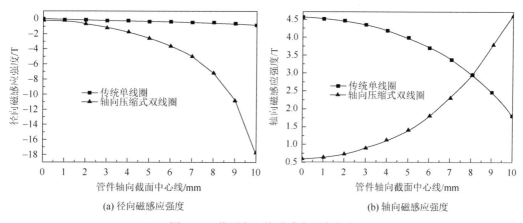

(a) 径向磁感应强度　　　　　　　　(b) 轴向磁感应强度

图 4.19　截面中心线磁感应强度分布

图 4.20 为双线圈结构在管件上产生的径向电磁力和轴向电磁力，电磁力能够满足管件径向胀形和轴向压缩效果。由于缺少中间胀形线圈，其径向电磁力较传统结构有所减小，但仍然能够满足径向胀形需求。

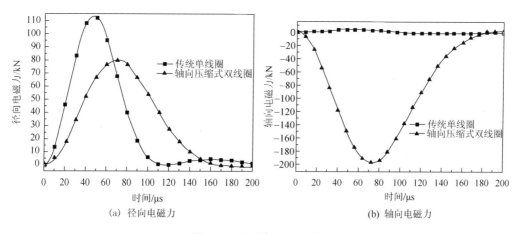

(a) 径向电磁力　　　　　　　　(b) 轴向电磁力

图 4.20　电磁力随时间分布

图 4.21 为双线圈结构管件壁厚减薄量，相较于传统单线圈结构，在保证管件内壁胀形量相同的情况下，双线圈结构壁厚减薄量为负值，说明管件壁厚出现增厚。

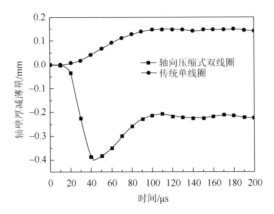

图 4.21　壁厚减薄量随时间分布

几何参数对轴向电磁力（F_z）与径向电磁力（F_r）的比值（F_z/F_r）的影响规律如图 4.22 所示。当线圈高度增加时，F_z/F_r 近似呈线性增大，显然轴向电磁力的增长速率

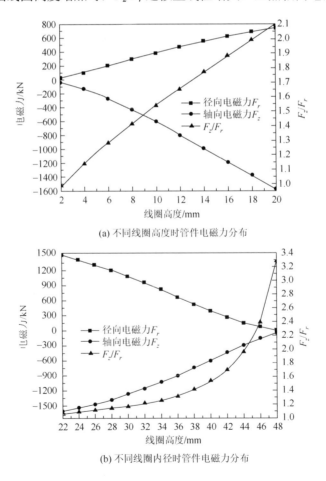

(a) 不同线圈高度时管件电磁力分布

(b) 不同线圈内径时管件电磁力分布

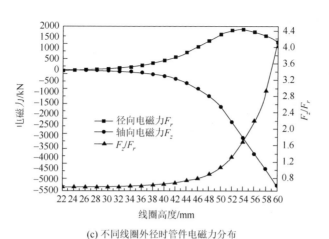

(c) 不同线圈外径时管件电磁力分布

图 4.22　不同线圈几何参数时管件电磁力分布

大于径向电磁力；当线圈内径增加时，F_z/F_r 先缓慢增大而后迅速增大；当线圈外径增加时，F_z/F_r 先缓慢增大；当线圈内径增大到超过管件外径时，受到反向径向电磁力的影响，F_z/F_r 迅速增大，其峰值超过 4.0。

4.5.2　不同线圈几何参数下壁厚减薄量与内壁胀形量的关系

进一步地，研究不同线圈几何参数时管件中心壁厚减薄量与内壁胀形量的关系，如图 4.23 所示。当线圈高度增加时，由于径向电磁力增大，管件内壁胀形量逐步增大；同时，由于轴向电磁力的增大速率大于径向电磁力，当管件胀形量达到某一值时，壁厚减薄量开始减小。当线圈内径增大时，由于径向电磁力和轴向电磁力均减小，管件内壁胀形量和中心壁厚减薄量都逐渐减小；随着线圈内径进一步增大，当电磁力不足以使管件发生胀形时，壁厚减薄量变为零。当线圈外径增大时，管件径向胀形量和中心壁厚减薄量都呈现先增大后减小的趋势，这与其电磁力分布特性一致。

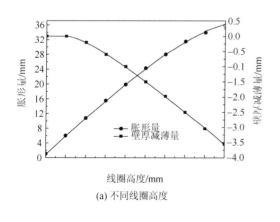

(a) 不同线圈高度

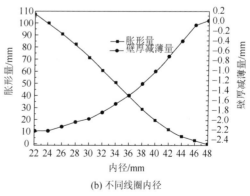

(b) 不同线圈内径

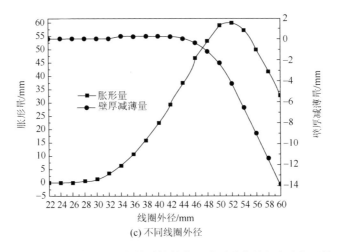

(c) 不同线圈外径

图 4.23 不同线圈几何参数时管件中心壁厚减薄量和内壁胀形量

4.5.3 电磁力与壁厚减薄量的关系

通过仿真数据，分析胀形量一定时，管件电磁力分布与壁厚减薄量的关系，结果如图 4.24 所示。当胀形量一定时，F_z/F_r 的值越大，壁厚减薄量就越小，甚至会出现增厚；当 F_z/F_r 的值一定时，胀形量越大，壁厚增厚量就会越大，只在胀形量小于5%时才会出现壁厚减薄。

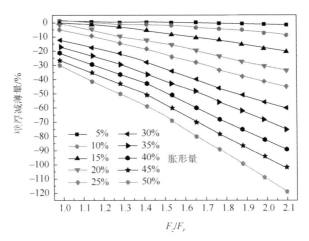

图 4.24 管件电磁力与壁厚减薄量的关系

4.5.4 壁厚增大原因分析

从以上分析可知，当管件壁厚变化时，管件所受磁感应强度与电磁力分布规律几乎完全一样，仅在数值上有所区别；线圈几何参数变化对胀形过程中的壁厚减薄量的影响也几乎一样。但从图 4.24 管件电磁力与壁厚减薄量的关系可知，由于管件壁厚变薄，胀形过程中管件壁厚减薄量在各个 f 值条件下几乎都为负值，下面将分析产生该现象的原因。

如图 4.25 所示，为管件电磁力沿纵截面轴向中心线分布，2 mm 管件与 4 mm 管件分布规律基本一样，都为沿着管件中部到端部逐渐增大，且在端部附近急剧增大，这是由线圈离端部距离较近造成的。在管件中部附近，2 mm 管件和 4 mm 管件的径向电磁力与轴向电磁力相差不大，轴向电磁力几乎一样，但到了管件端部附近，2 mm 管件径向电磁力和轴向电磁力均达到了 4 mm 管件的 3 倍。4 mm 管件端部电磁力为中部电磁力的 3 倍左右，2 mm 端部电磁力几乎为中部电磁力的 10 倍以上。由于 2 mm 管件端部电磁力和中部电磁力相差太大，在变形过程中，端部变形较中部变形量更大，从而管件胀形过程中均匀度迅速变差，在径向电磁力和轴向电磁力共同作用下，两端会对中间部分形成挤压，造成管件壁厚出现增厚，其变形轮廓如图 4.26 所示，管件出现失稳。

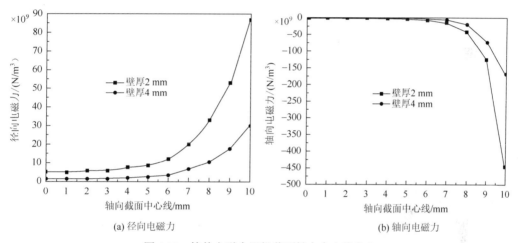

(a) 径向电磁力　　　　　　　　　　　　　(b) 轴向电磁力

图 4.25　管件电磁力沿纵截面轴向中心线分布

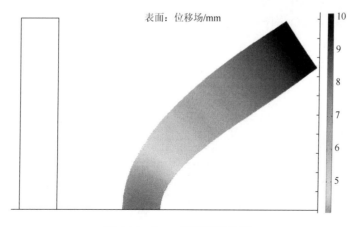

图 4.26　2 mm 管件变形轮廓

本节采用双线圈轴向压缩结构对 2 mm 管件胀形进行了研究，发现当管件壁厚较薄时，由于电磁力分布不均匀，管件两端变形量较大对管件中部形成挤压，管件中部壁厚出现增大会导致胀形均匀度较差或者出现管件径向失稳，不能保证管件胀形质量。这在管件胀形工艺中是不可取的，说明双线圈轴向压缩式管件电磁胀形并不适用于壁厚较小、轴向尺寸较大管件的胀形。

4.6 其他条件对胀形性能的影响

通过双线圈轴向压缩式管件电磁胀形方案对铝合金管件进行胀形分析，并在铝合金管件胀形条件下对双线圈轴向压缩式管件电磁胀形线圈结构尺寸进行优化，考虑的全部是线圈本身的参数对胀形的影响，为了对双线圈轴向压缩式管件电磁胀形过程及其影响因素有更全面的了解，本节将研究除胀形线圈本身结构外其他外部条件对胀形的影响。

4.6.1 放电脉宽对胀形的影响

当电流幅值一定时，脉宽越短电流的变化率越大，产生的感应涡流也越大。由电磁力与涡流的关系可知，此时工件所受到的电磁力也越大，但工件变形是一个力的积累过程，力在时间上的累积效果可以通过冲量（电磁力与时间轴所围面积）来表示，即

$$I = \int_0^t F\mathrm{d}t = \int_0^T F\mathrm{d}t = \int_0^{2\pi/\omega} \int_v f\mathrm{d}v\mathrm{d}t \tag{4.3}$$

通过上式可知，当作用力大但是作用时间短时，工件受到的冲量不一定大。因此，存在一个最优的放电脉宽，使得其作用力和冲量同时达到最优化。保证电流幅值不变，在不同脉宽情况下工件所受电磁力及其冲量如图 4.27～4.29 所示。

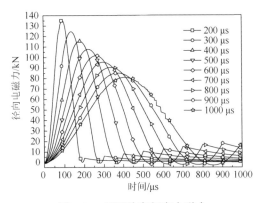

图 4.27 不同脉宽径向电磁力

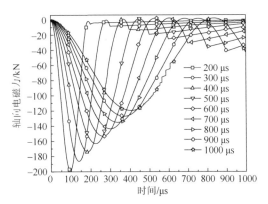

图 4.28 不同脉宽轴向电磁力

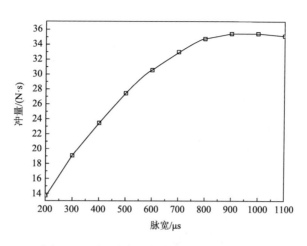

图 4.29　不同脉宽对应冲量（径向电磁力）

如图 4.27～4.29 所示，脉宽越窄，电流变化率越大，电磁力峰值越大，其冲量越小。当脉宽增大到 900 μs 时，冲量不再增大反而开始减小，这是由脉宽虽然增大但电磁力减小造成的。

通过上述分析可知，对应某一放电电流有一个最优的放电脉宽同时满足电磁力和冲量要求。在实际电磁成形系统中，由于只考虑脉冲电流第一个半波的作用，脉宽是电流周期决定的，也就是由角频率决定的，而电磁成形系统角频率是由放电电容和系统电感共同决定的，放电电容由放电所需能量确定，因此可通过系统电感（线圈匝数）调节电流脉宽。

4.6.2　管件高厚比对胀形均匀性的影响

除壁厚减薄量外，胀形均匀度是管件胀形的另一个重要衡量标准。电磁胀形过程中，对胀形均匀度影响最大的参数是管件的高度与壁厚的比值，类似于衡量杆件稳定性的长细比。将衡量管件胀形均匀度的参数定义为管件的高厚比。

同时，考虑到材料的趋肤效应，感应涡流从工件表面至纵截面中心线的变化规律和趋肤深度为

$$I = I_0 \mathrm{e}^{-1} \sqrt{\pi f \mu \sigma} \qquad (4.4)$$

$$\delta = \sqrt{\frac{2}{\omega \mu \sigma}} \qquad (4.5)$$

其中 I 为电流密度；I_0 为工件表面电流密度；f 为电流频率；μ 为磁导率；σ 为电导率；δ 为趋肤深度；ω 为角频率。

根据 4.6.1 小节对脉宽的研究，角频率为 3 000～15 000 rad/s 时，对应趋肤深度 δ 为 1.87～4.18 mm。根据 4.6.1 小节分析所选定的最佳脉宽 900 μs（趋肤深度 3.88 mm），设置管件高度 10 mm，厚度为 1～10 mm 进行仿真，并保证管件内壁胀形量均为 10 mm。

如图 4.30 所示，为不同管件胀形 10 mm±0.5 mm 时管件所受径向电磁力，其电磁力峰值近似呈线性分布，管件越厚，所受径向电磁力越大。图 4.31 所示轴向电磁力也呈现相同的变化趋势。

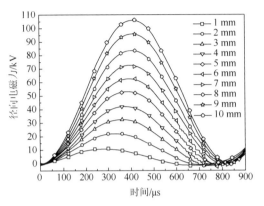

图 4.30 不同管件厚度胀形所需径向电磁力   图 4.31 不同管件厚度胀形所需轴向电磁力

为定量确定管件胀形均匀度，定义管件胀形后内壁最大径向位移与最小径向位移之差除以平均径向位移乘以 100% 为胀形均匀度，即

$$均匀度=\frac{最大径向位移-最小径向位移}{平均径向位移}\times100\%$$

均匀度数值越小，表示均匀性越好；数值越大，表示均匀度越差。

图 4.32 所示为不同厚度管件内壁胀形 10mm 时管件胀形均匀度，当管件厚度较小时，其胀形均匀度较差；随着管件厚度的增加，胀形均匀性迅速改善，管件厚度为 5 mm 时均匀度达到最优；但随着管件厚度的继续增大，胀形均匀性会逐渐变差。结合管件趋肤深度的研究，当管件较薄时，管件内外层受到的体积力较为均匀，但由于线圈位置的关系，管件中部与端部电磁力相差较大，导致管件较薄时胀形均匀性差；随着管件厚度的增加，管件中部与端部电磁力差异逐渐减小，胀形均匀性逐渐变好，并

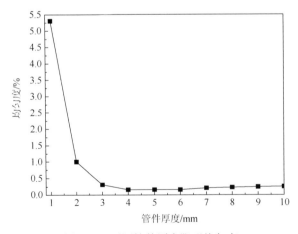

图 4.32 不同管件厚度胀形均匀度

在管件厚度为 5 mm 时达到最好；随着管件厚度继续增大，由于趋肤效应的影响，管件外层所受电磁力迅速减小，当管件厚度增大到一定值时，其外层电磁力衰减到可以忽略，此时可将管件外层等效为受到内层管件面压力，随着厚度增加，内壁胀形均匀性也越来越差。如表 4.5 所示，当管件高厚比为 2 时，管件胀形均匀性最好，当简化为四分之一轴对称模型，即管件轴截面为正方形时，其胀形均匀性最好。

表 4.5　不同厚度管件胀形 10 mm ± 0.5 mm 时管件胀形参数

管件厚度/mm	高厚比	最大值	最小值	平均值	均匀度
1	10.000	10.956 190	10.393 410	10.600	5.309 197
2	5.000	10.566 490	10.461 030	10.500	1.004 404
3	3.333	10.074 450	10.042 030	10.060	0.322 309
4	2.500	9.604 137	9.588 135	9.600	0.166 681
5	2.000	9.777 002	9.763 193	9.770	0.141 337
6	1.667	9.667 912	9.652 309	9.660	0.161 519
7	1.429	9.635 983	9.615 785	9.626	0.209 825
8	1.250	10.037 910	10.015 860	10.030	0.219 786
9	1.111	10.542 940	10.517 020	10.530	0.246 121
10	1.000	10.533 200	10.506 500	10.520	0.253 800

4.6.3　续流电阻对胀形过程的影响

电容器型脉冲电源电流波形为一衰减的正弦波，即

$$i = \frac{U_o}{L\omega_d} \cdot e^{-\alpha t} \sin \omega_d t \qquad (4.6)$$

衰减过程中，当电压反向时，电流也会出现反向，从而管件感应电流也出现反向，最终导致管件电磁力反向并出现振荡。

图 4.33 所示为无续流电阻时驱动线圈电流，电流为一随时间衰减的正弦波。图 4.34 所示为无续流电阻时管件感应电流密度随时间变化，可见由于驱动线圈电流反向，管件感应电流也出现反向。图 4.35 所示为无续流电阻时管件电磁力随时间分布，由于感应电流的反向，电磁力也出现振荡，管件无法达到理想的胀形效果。图 4.36～4.38 所示分别为设置续流电阻之后驱动线圈电流、管件感应电流密度和管件电磁力随时间分布，可见设置续流电阻后当电容电压出现反向时，由于续流支路的作用，驱动线圈电流不会出现反向，管件感应电流与管件电磁力始终沿着同一方向，管件胀形效果得到极大改善。

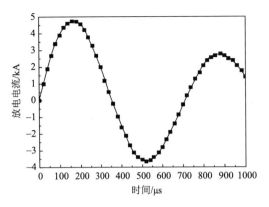

图 4.33　无续流电阻时驱动线圈电流

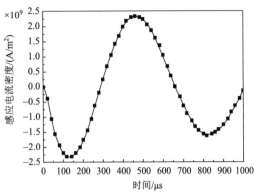

图 4.34　无续流电阻时管件感应电流密度

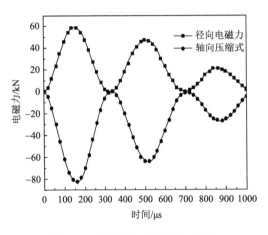

图 4.35　无续流电阻时管件电磁力

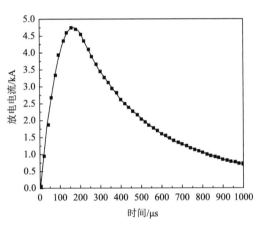

图 4.36　有续流电阻时驱动线圈电流

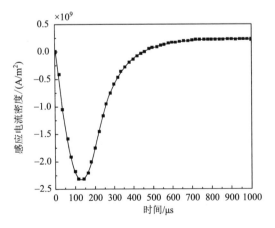

图 4.37　有续流电阻时管件感应电流密度

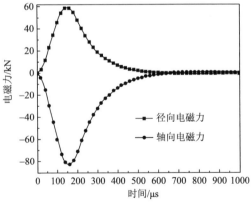

图 4.38　有续流电阻时管件电磁力

4.7　单线圈轴向压缩式管件电磁胀形

通过 4.4 节的分析，采用轴向压缩式双线圈结构时，由于缺少中间胀形线圈，径向电磁力减小严重，要达到所需的径向胀形量需要较大的初始电压或较大的储能电容；同时，分析结果显示，当需要获取合理的 F_z/F_r 值时，驱动线圈的外径一般与管件内径相当。基于这一结果，本节在双线圈轴向压缩式管件电磁胀形的基础上，进一步提出单线圈轴向压缩式管件胀形方法，如图 4.39 所示。轴向压缩式单线圈为一轴向高度大于管件高度的线圈；线圈中间部分主要提供径向电磁力，线圈两端部分主要提供轴向电磁力。

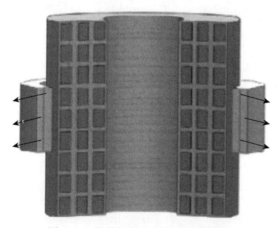

图 4.39　单线圈轴向压缩式线圈结构

图 4.40 所示为分别采用传统单线圈与轴向压缩式单线圈时路径 1（从 A 到 B）上的磁感应强度分布。采用传统单线圈时管件径向磁感应强度最大值约为 0.79T；而采用轴向压缩式单线圈时管件径向磁感应强度明显增大，最大值约为 8.44 T。由于端部效应，

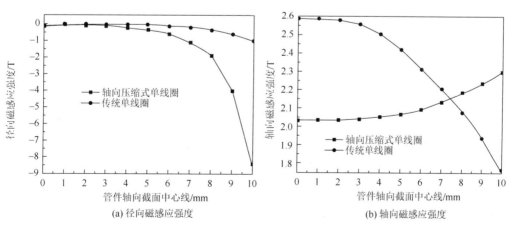

(a) 径向磁感应强度　　(b) 轴向磁感应强度

图 4.40　采用传统单线圈与轴向压缩式单线圈时磁感应强度分布

采用传统单线圈时管件端部轴向磁感应强度偏小；而采用轴向压缩式单线圈时，线圈两端部分的贡献管件端部轴向磁感应强度得到增强。

图 4.41 为分别采用传统单线圈和轴向压缩式单线圈时的管件电磁力。相对于传统单线圈，轴向压缩式单线圈径向电磁力峰值略有增加，其分布与传统单线圈结构基本相同；而轴向压缩式单线圈提供的轴向电磁力却为传统单线圈的 20.27 倍。与双线圈轴向压缩式相比，最大的不同就是其径向电磁力，由于单线圈轴向压缩式线圈中间部分充当了胀形线圈，其径向电磁力得到增强。

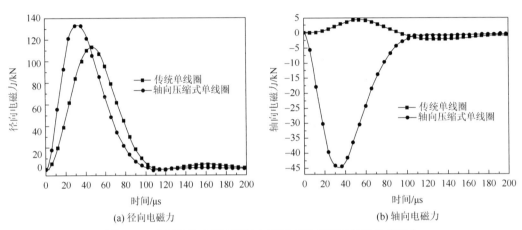

(a) 径向电磁力   (b) 轴向电磁力

图 4.41　采用传统单线圈和轴向压缩式单线圈时的管件电磁力

同双线圈轴向压缩式结构的分析方法类似，单线圈轴向压缩式结构中电磁线圈也需要同时提供轴向电磁力和径向电磁力，因此也需要分析轴向电磁力与径向电磁力的比值 F_z/F_r。由于单线圈轴向压缩式线圈结构其外径与管件外径相当，线圈几何参数改变量只有线圈高度和线圈内径。

图 4.42 所示为电磁线圈高度改变时电磁力和 F_z/F_r 的变化，当线圈高度与管件高度相同，即线圈高度为 10 mm 时，即为传统单线圈管件电磁胀形，此时轴向电磁力几乎为零；随着线圈高度的增加，轴向电磁力逐渐增大，对应的径向电磁力也同时增大；

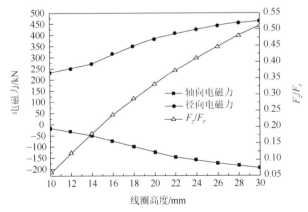

图 4.42　不同线圈高度时管件电磁力分布

当线圈高度增加到 20 mm 以后，电磁力增长趋势变缓，这是由于虽然线圈匝数增多，但其相对于工件的有效距离变大，磁场强度衰减；随着线圈高度继续增加，电磁力趋于缓和，最终将达到稳定，其 F_z/F_r 范围在 $0\sim0.55$ 内变化，与双线圈轴向压缩式线圈相比，其 F_z/F_r 较小。

图 4.43 所示为电磁线圈内径改变时电磁力和 F_z/F_r 的变化，线圈内径增大，意味着总的线圈截面积减小，线圈有效电流减小，电磁力近似线性减小。与双线圈结构一样，线圈内径变化导致的 F_z/F_r 变化并不大，可见影响轴向压缩效果的线圈几何参数主要是线圈高度。

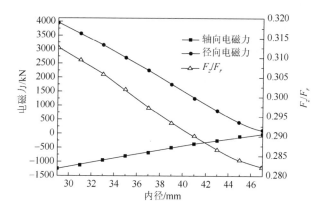

图 4.43　不同线圈内径时管件电磁力分布

图 4.44 为采用传统单线圈和轴向压缩式单线圈时的管件壁厚减薄量。与传统单线圈相比，在保证管件内壁胀形量相同的情况下，轴向压缩式单线圈结构的壁厚减薄量减小了 59.04%。

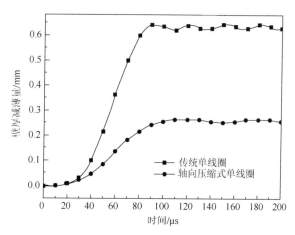

图 4.44　采用传统单线圈和轴向压缩式单线圈时的管件壁厚减薄量

与双线圈轴向压缩式管件电磁胀形相同，通过大量的仿真，在同一几何参数（同一 f 值）情况下进行多次不同初始电压下的仿真，得出多组壁厚减薄量和胀形量数据，提取胀形量一定时，研究轴向电磁力与径向电磁力之比对管件壁厚减薄量的影响如图 4.45 所示。结果显示，胀形量一定时，F_z/F_r 的值越大，壁厚减薄量就越小；F_z/F_r 的值一定时，胀形量越大，壁厚减薄量就越大。这一结果与双线圈轴向压缩式管件胀形结果类似，进一步印证了只要提供合理的 F_z/F_r 值即可达到抑制管件壁厚减薄量的目的。

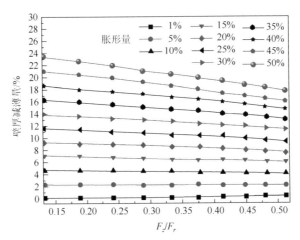

图 4.45　采用轴向压缩式单线圈时管件电磁力与壁厚减薄量的关系

轴向压缩式单线圈也能够达到一定的轴向压缩效果，但与其他两种结构相比其轴向压缩效果较差，主要原因是其产生的 F_z/F_r 值较小。如图 4.46 所示，当管件胀形量小

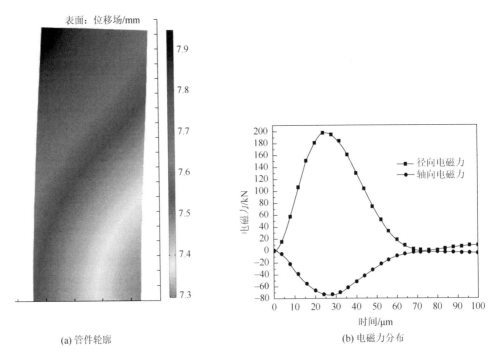

图 4.46　内壁胀形量 15% 时的管件轮廓和电磁力分布

于 15%时，轴向压缩式单线圈能够满足管件壁厚减薄量的要求；但当管件胀形量大于 15%时，其壁厚减薄量已不能满足要求。显然，单线圈轴向压缩式管件电磁胀形方法只适用于胀形量较小的管件，与双线圈轴向压缩式结构相比，由于单线圈轴向压缩式结构驱动线圈相对于管件位置关系，胀形过程中其均匀性比双线圈结构要好，不容易出现管件径向失稳，单线圈轴向压缩式结构能够适用于薄壁管件。同时，与轴向压缩式三线圈相比，其结构工程更加简单，与轴向压缩式双线圈相比，由于它存在中间胀形部分，采用较小的初始电压和较小的储能电容就能达到可观的胀形效果，能量利用率更高。

4.8　三种轴向压缩式管件电磁胀形特点分析

上述分析表明，通过线圈几何尺寸的优化，三种轴向压缩式线圈都能够实现轴向电磁力与径向电磁力同时加载，解决管件壁厚减薄量问题。同时，由于线圈本身的结构，三种轴向压缩式管件电磁胀形表现出不同的特点，其成形效果也呈现出不同的特点。

4.8.1　工装难易程度

轴向压缩式管件电磁胀形技术，从三线圈到双线圈，从双线圈到单线圈，均伴随着线圈工装配合的简化。三线圈需要考虑顶部线圈、底部线圈与胀形线圈之间的配合；双线圈也需要考虑顶部线圈与底部线圈之间的配合。显然，从工装难易程度而言，三线圈结构最为复杂，双线圈次之，单线圈工装简单最易实现。图 4.47 所示为试验时三种线圈结构实际工装图，可以看出，三线圈轴向压缩式结构的装配需要达到三个线圈的同轴度要求、接触面的端面间隙要求、三线圈串联结构绝缘和强度要求等，在实际操作中较为复杂。双线圈轴向压缩式结构也同样面临着两个线圈装配同轴度要

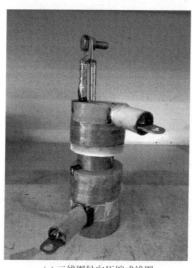

(a) 三线圈轴向压缩式线圈　　　　　　　　　(b) 双线圈轴向压缩式线圈

(c) 单线圈轴向压缩式线圈

图 4.47　线圈试验工装

求、接触面的端面间隙要求，但相对于三线圈结构已大大简化。单线圈轴向压缩式结构由于不需要线圈间的配合，工装非常简单。

4.8.2　成形耦合效率

与三线圈和单线圈相比，双线圈轴向压缩式管件电磁胀形中由于缺少中间胀形线圈，要达到相同的胀形量需要提供更多的能量。例如，采用三种线圈对一高度 20 mm、内径 80 mm、壁厚 4 mm 的管件进行胀形，胀形量为 15%，通过仿真分析得到，三线圈轴向压缩式管件电磁胀形需施加 3.2 kV 的电压，双线圈轴向压缩式管件电磁胀形需施加8.2 kV 的电压，单线圈轴向压缩式管件电磁胀形需施加2.17 kV 的电压。可见，由于双线圈结构线圈与管件相对位置较远，能量衰减较大，采用双线圈成形耦合效率最低，采用单线圈成形耦合效率最高。

4.8.3　径向变形均匀度

管件电磁胀形时，径向电磁力在轴向的分布会对管件轴向均匀度产生影响。图 4.48（a）显示，采用三线圈时管件端部的轴向磁感应强度比管件中部的轴向磁感应强度小；图 4.48（b）和（c）显示，采用双线圈和单线圈时管件端部的轴向磁感应强度比管件中部的轴向磁感应强度大，且单线圈的磁感应强度相对均匀一些。轴向磁感应强度将直接影响径向电磁力的分布，进而影响管件在轴向的成形均匀度。当胀形量为 6.4 mm 时，采用三种线圈得到的管件内壁轴向各点胀形量数据如表 4.6 所示，胀形轮廓如图 4.48 所示。为定量分析，定义管件内壁最大径向位移与最小径向位移之差除以平均径向位移为胀形均匀度。胀形均匀度越小，表示工件胀形越均匀。采用三线圈时，内壁最小径向位移为 6.38 mm，最大径向位移为 6.53 mm，平均位移为 6.44 mm，胀形均匀度为 0.023；采用双线圈时，内壁最大径向位移为 6.45 mm，最小径向位移为 8.31 mm，平均位移为 7.17 mm，胀形均匀度为 0.26；采用单线圈时，内壁最大径向位移为 6.37 mm，最小径向位移为 6.64 mm，平均位移 6.48 mm，胀形均匀度为 0.042。可见，三线圈轴向压缩式管件电磁胀形过程中管件轴向变形均匀度最好，双线圈轴向压缩式管件电磁胀形过程中管件变形均匀度最差。

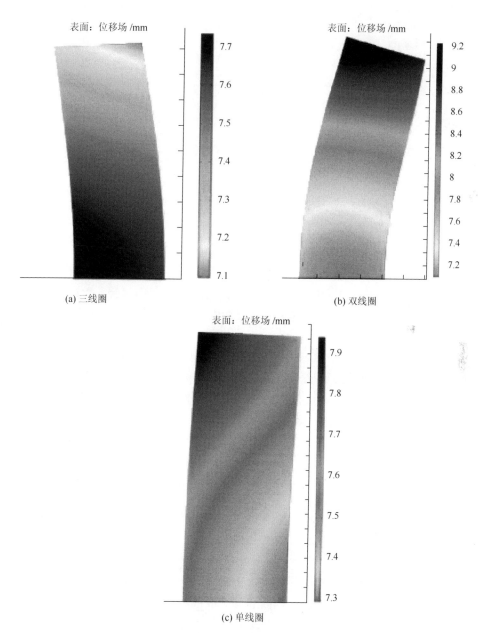

图 4.48　不同轴向压缩式线圈加载时的工件变形轮廓

表 4.6　管件内壁轴向各点胀形量

三线圈轴向压缩式内壁位移/mm	双线圈轴向压缩式内壁位移/mm	单线圈轴向压缩式内壁位移/mm
6.383 858 628	6.458 934 386	6.373 856 145
6.386 335 894	6.496 984 200	6.378 346 346
6.393 523 759	6.504 835 141	6.391 595 972
6.405 184 086	6.686 095 630	6.413 165 625
6.420 781 824	6.822 166 210	6.442 061 511
6.439 116 102	7.214 424 910	6.476 296 305
6.459 694 289	7.448 416 969	6.515 238 850
6.482 428 412	7.717 823 711	6.557 658 586
6.505 251 137	8.081 731 912	6.600 684 696
6.526 965 934	8.310 145 466	6.641 809 273

4.9　双线圈轴向压缩式管件电磁胀形试验

4.9.1　双线圈轴向压缩式管件电磁胀形系统及试验过程

通过管件电磁力与线圈几何参数壁厚减薄量的关系的研究，本节开展其所对应的试验研究。为了进行试验验证与对比，本书依托华中科技大学国家脉冲强磁场科学中心（筹），开展双线圈轴向压缩式管件磁脉冲胀形的电磁成形试验，验证双线圈轴向压缩式管件电磁胀形的可行性，并解决现有三线圈轴向压缩式电磁管件胀形所存在的装配困难问题的可实现性。

驱动线圈 4 匝 4 层，顶、底部对称设置，脉冲电容 320 μF，分别建立传统管件胀形和双线圈轴向压缩式管件电磁胀形两组试验。为研究管件壁厚对双线圈轴向压缩式管件电磁胀形成形效果的影响，设置两组不同壁厚条件下双线圈轴向压缩式管件电磁胀形试验。试验驱动线圈及管件参数如表 4.7 所示。

表 4.7　试验驱动线圈及管件参数

线圈	线圈参数（匝数×层数）	管件参数（高度×内径×壁厚/(mm×mm×mm)	试验次数
传统单线圈	4×3	20×80×4	5
双线圈轴向压缩式线圈	4×4	20×80×4	5
双线圈轴向压缩式线圈	4×4	20×80×3	5

双线圈轴向压缩胀形试验顶部线圈和底部线圈串联，形成一个线圈组，由一套脉冲电容器电源进行放电。图 4.49 为双线圈轴向压缩式管件电磁脉冲胀形的接线示意图。表 4.8 为试验系统参数。图 4.50 为驱动线圈绕制过程。

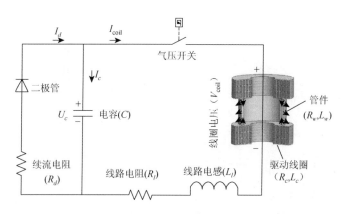

图 4.49　双线圈轴向压缩式管件电磁脉冲胀形的接线示意图

表 4.8　试验系统参数

线圈名称	传统单线圈系统	轴向压缩式双线圈系统
脉冲电容器电容量/μF	320	320
续流电阻/mΩ	200	400
电源线路电阻/mΩ	20	20
电源线路电感/μH	5	40
放电电压/kV	2.5～5.0	5～10

(a) 线圈绕制　　　　　　　　　　　　　　　(b) 装配好的驱动线圈

图 4.50　驱动线圈绕制过程

　　试验采用 25 kV/1 MJ 电源系统，线圈对称设置，无须区分正负极。对上述两套成形装置进行放电试验，对比分析传统单线圈管件磁脉冲胀形和双线圈轴向压缩式管件磁脉冲胀形成形效果。图 4.51 为试验电源系统，图 4.52 为试验系统操作界面，图 4.53 为放电过程。

图 4.51 25kV/1MJ 试验电源系统

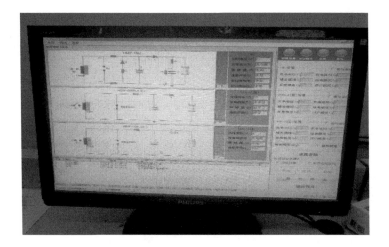

图 4.52 试验系统操作界面

图 4.53 放电过程

4.9.2　试验数据

试验过程中实时采集放电电压和放电电流数据，图 4.54 所示为初始电压为 5 kV 时放电电流分布，由于设置了续流电阻，电流没有发生反向。图 4.55 所示为初始电压为 5 kV 时放电电压分布。

图 4.54　试验放电电流

图 4.55　试验放电电压

第 5 章

基于凹型线圈的管件电磁胀形

尽管使用电磁成形技术能够改善轻质合金材料加工困难的问题，但仍然存在一些问题没有得到解决。对于管件电磁胀形而言，目前存在因线圈端部效应导致的管件径向变形轴向分布非均匀问题。针对管件径向胀形均匀性进行研究，能够改善电磁成形工件的表面质量和管与管、管与轴电磁连接的强度。为此，本章将从电磁成形基本原理出发，分析电磁力分布与管件成形均匀性的关系；针对管件轴向变形非均匀问题，提出设计新型线圈凹型线圈；通过凹型径向电磁力加载方法，削弱管件中心变形量，以此提高管件胀形均匀性。

5.1　管件电磁成形

5.1.1　基本原理和基本模型

管件电磁成形系统设备主要包括充电系统、电容电源、主放电开关、线圈和工件等，其系统原理图如图 5.1 所示。首先，通过电容器电源对驱动线圈放电产生一脉冲电流；与此同时，在位于驱动线圈附近的金属工件中产生一感应涡流；线圈电流与工件涡流之间的脉冲电磁力驱动金属工件加速并发生塑性变形，进而实现对工件的成形加工。基于华中科技大学曹全梁对降低成形线圈焦耳热的研究，本书使用有续流回路的电磁成形电路模型，能够降低线圈电流的有效值来提高成形线圈的寿命，其电磁成形系统原理图如图 5.1 所示。

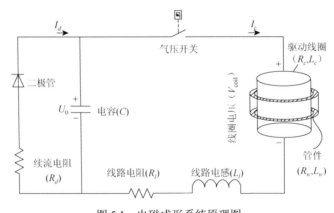

图 5.1　电磁成形系统原理图

驱动线圈与成形管件的耦合如图 5.2 所示。根据法拉第电磁感应定律，此时满足下列关系式：

$$
\begin{cases}
e_{cc} = -L_c \dfrac{\mathrm{d}I_c}{\mathrm{d}t} \\[2mm]
e_{cw} = -M_{c\text{-}w} \dfrac{\mathrm{d}I_w}{\mathrm{d}t}
\end{cases}
\tag{5.1}
$$

$$\begin{cases} e_{ww} = -L_w \dfrac{\mathrm{d}I_w}{\mathrm{d}t} \\ e_{wc} = -M_{w\text{-}c} \dfrac{\mathrm{d}I_c}{\mathrm{d}t} \end{cases} \tag{5.2}$$

其中 I_c、L_c 和 I_w、L_w 分别为驱动线圈和管件的电流和自感；$M_{c\text{-}w}$ 和 $M_{w\text{-}c}$ 为两者的互感，通常互感相等记为 M。因此，电磁成形的等效电路满足下列方程：

$$\left(R_l I_c + L_l \dfrac{\mathrm{d}I_c}{\mathrm{d}t} \right) + \left(R_c I_c + L_c \dfrac{\mathrm{d}I_c}{\mathrm{d}t} + M \dfrac{\mathrm{d}I_w}{\mathrm{d}t} \right) = U_c \tag{5.3}$$

$$U_c = U_0 - \dfrac{1}{C} \int_0^t (I_c + I_d)\mathrm{d}t \tag{5.4}$$

$$\begin{cases} I_d = 0, & U_c \geqslant 0 \\ I_d = \dfrac{U_c}{R_d}, & U_c < 0 \end{cases} \tag{5.5}$$

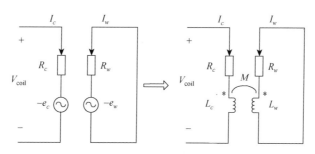

图 5.2　驱动线圈和成型管件的耦合

当线圈通入脉冲电流时，根据线圈放置位置的不同，产生的电磁力方向不同。当线圈放置在管件外侧，产生的电磁力方向径向向内，此时为管件电磁压缩；当线圈放置在管件内侧，产生的电磁力方向径向向外，此时为管件电磁胀形。在管件电磁胀形系统中，由于线圈和管件的结构场与电磁场分布都具有轴对称性，可简化为二维轴对称模型。管件中的感应涡流主要以环向分量为主，即

$$\nabla \times E_\varphi = -\dfrac{\partial B_z}{\partial t} + \nabla \times (v_r \times B_z) \tag{5.6}$$

$$J_\varphi = \gamma E_\varphi \tag{5.7}$$

其中 E_φ 为环向电场强度；B_z 为轴向磁通密度；v_r 为管件径向速度；J_φ 为环向电流密度；γ 为电导率。由方程式（5.6）可见，管件感应电场强度的旋度源来自磁通变化和管件运动。管件感应电流后，在磁场环境下，管件受到的电磁力满足如下关系式：

$$\begin{cases} F_z = J_\varphi \times B_r \\ F_r = J_\varphi \times B_z \end{cases} \tag{5.8}$$

由此可见，管件电磁力分布取决于线圈产生的磁通密度分布，通过设计新型线圈结构能够改变磁通分布，进而达到电磁力可控是本章的设计源头。当管件受力，将符

合牛顿定律 $F=ma$，因此管件受力与位移之间满足如下关系式：

$$\nabla \cdot \sigma_1 + F = \rho \frac{\partial^2 u}{\partial t^2} \qquad (5.9)$$

其中 σ_1 为管件的应力张量；F 为电磁力的体密度矢量；ρ 为管件密度；u 为管件的位移矢量。

对于本章研究的 AA6061-O 铝合金材料，对截面为 6.73 mm×2.05 mm 工件进行拉伸试验，其应力应变实测和拟合曲线如图 5.3 所示。本章的准静态应力应变曲线的拟合曲线可以表示为

$$\sigma_{ys} = \begin{cases} E\varepsilon, & \sigma_{ys} < \sigma_{ys0} \\ \sigma_{ys0} + A\varepsilon_{pe}^{B}, & \sigma_{ys} \geqslant \sigma_{ys0} \end{cases} \qquad (5.10)$$

其中 E 为 AA6061-O 工件的杨氏模量；σ_{ys0} 为工件的初始屈服应力；ε_{pe} 为塑性应变且可以表示为 $\varepsilon - \dfrac{\sigma_{ys}}{E}$；$A$ 和 B 分别为 90.5 MPa 和 0.35；其余管件材料机械特性参数如表 5.1 所示。本章采用 Cowper-Symonds 模型来模拟管件，其本构方程为

$$\sigma = \left[1 + \left(\frac{\varepsilon_{pe}}{C_m} \right)^m \right] \sigma_{ys} \qquad (5.11)$$

其中 σ 为管件材料在高速变形中的流动应力；m 为应变率硬化参数；C_m 为黏性参数；σ_{ys} 为准静态条件下的流动应力如式（5.10）所示。通常铝材料取 $C_m = 6500$，$m = 0.25$。

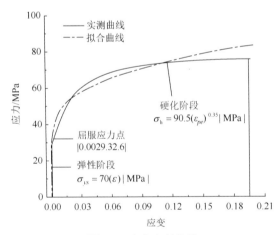

图 5.3　应力应变曲线

表 5.1　管件 AA6061-O 材料参数

参数符号	参数描述	参数值
ρ	管件密度/(kg/m³)	2700
γ	管件电导率/(S/m)	3.03×10^7
σ_{ys0}	初始屈服应力/MPa	32.6
v	泊松比	0.33
E	杨氏模量/GPa	70

显然，电磁成形过程中存在电磁场、结构场和温度场的强耦合，当不针对温度分布研究时可忽略温度场，采用有限元法是目前分析电磁成形物理过程的主要方法之一。本节采用 COMSOL 软件建立电磁管件胀形过程的电磁-结构场耦合二维轴对称模型，如图 5.4 所示，其中线圈尺寸为 2 mm×4 mm，线圈之间的间隙模拟绝缘皮层，当数值计算用于预测研究时可忽略绝缘皮间隙，因此下面的数值分析将忽略该间隙。

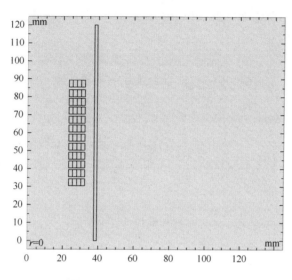

图 5.4　电磁管件胀形基本模型

　　图 5.5 所示为电磁管件胀形仿真的流程图，它包含四个物理场。

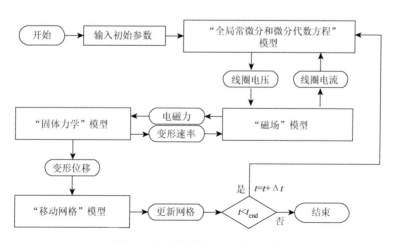

图 5.5　电磁管件胀形仿真流程图

　　（1）"全局常微分和微分代数方程"。使用方程组模拟放电电源电路（式（5.3）～（5.5）），求解脉冲电流并通过物理场"磁场"通入线圈域，其系统参数如表 5.2 所示。

表 5.2 外电路参数

OB	参数描述	参数值
C	放电电容/μF	320
L_l	线路电感/μH	12
R_l	线路电阻/mΩ	35
R_d	续流电阻/mΩ	267

（2）"磁场"。当线圈域通入脉冲电流，产生变化的电磁场环境（式（5.6）～（5.8）），管件产生感应电流。

（3）"固体力学"。管件在磁场环境下产生电磁力，计算管件受力胀形动态过程。

（4）"移动网格"。由于电磁管件胀形过程中，管件变形需要更新网格。

针对管件高度大于线圈高度的情况，当放电电压为 4.6 kV 时，管件在脉冲电流达到峰值时刻的磁通密度和电磁力分布如图 5.6 所示。由此可见，传统螺旋管线圈产生的径向电磁力分布呈"凸型"，是影响管件胀形端部效应的主要原因。图 5.7 为管件总受力情况，管件受力主要为径向电磁力。下面对电磁力的分析将着重研究其径向电磁力分布情况。

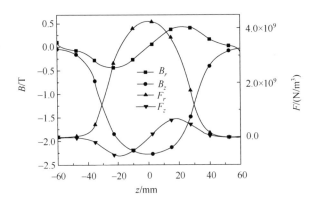

图 5.6 磁通密度和电磁力分布

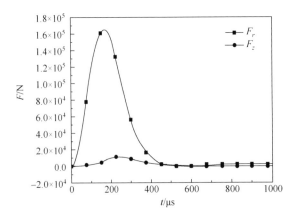

图 5.7 管件总受力

使用 4 层 12 匝传统线圈进行管件电磁胀形试验来验证模型的可靠性。其中，线圈和管件的距离为 5 mm，管件外径为 79 mm，其他参数参照以上基本模型所述。线圈放电后，使用示波器记录放电电流，如图 5.8 所示，试验放电电流和模型仿真电流曲线相近。实际管件胀形后直径为 99.12 mm，而仿真中管件胀形后直径为 101.80 mm，高度分别为 114.65 mm 和 113.30 mm，如图 5.9 所示。由放电电流和胀形后管件的胀形结果可见，该模型虽然存在误差，但误差很小，能够使用其进行实际预测和分析。

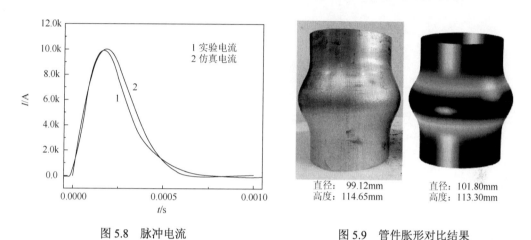

图 5.8　脉冲电流　　　　　　　　图 5.9　管件胀形对比结果

5.1.2　管件成形非均匀的解决方案

针对管件电磁胀形技术，为了改善管件成形非均匀的问题，在线圈高度小于管件高度的情况下，提出基于凹型线圈的电磁管件胀形新技术，如图 5.10 所示。该技术是通过减少线圈中部的安匝数来削弱中部的磁通密度和感应涡流，改变管件电磁力分布情况，降低管件中部的径向电磁力，以此来减少中部相对于端部的径向变形量。

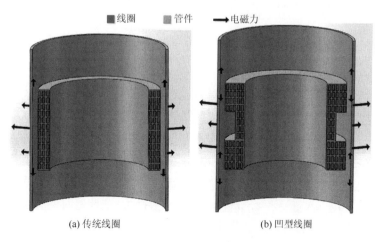

(a) 传统线圈　　　　　　　　　　(b) 凹型线圈

图 5.10　电磁管件胀形系统

以 5.1.1 小节所述的基本模型为基础，建立基于凹型线圈的管件电磁胀形仿真模型，如图 5.11 所示。其中，线圈中心被削弱后部分称为内环线圈，上下凸出部分称为外环线圈；线圈采用 2 mm×4 mm 的铜导线，工件采用 AA6061-O 铝合金管件，放电电压 $U_0 = 4.4$ kV，其具体结构参数如表 5.3 所示。

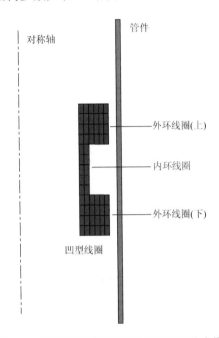

图 5.11　基于凹型线圈的管件电磁胀形仿真模型

表 5.3　结构参数

参数符号	参数描述/mm	参数值
D_{win}	工件内径	75
D_{wout}	工件外径	79
H_w	工件高度	120
D_{cin1}	内环线圈内径	43.4
D_{cout1}	内环线圈外径	51.4
D_{cin2}	外环线圈内径	43.4
D_{cout2}	外环线圈外径	67.4
H_{in}	内环线圈高度	20
H_{out}	外环线圈高度	16

当脉冲电流达到峰值时，图 5.12 为该模型此时工件轴向上磁通密度和径向电磁力的分布情况。在使用凹型线圈进行管件电磁胀形过程中，工件轴向上的轴向磁通密度呈"凹型"分布，其中心磁通密度被削弱；相应地，径向电磁力也呈"凹型"分布，达到了本章削弱中心径向电磁力的基本思想。

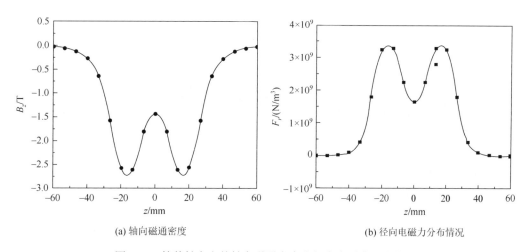

(a) 轴向磁通密度　　　　　　　　　　　(b) 径向电磁力分布情况

图 5.12　管件轴向上的轴向磁通密度和径向电磁力分布情况

通过凹型线圈所产生的新型电磁力分布可知，径向电磁力在管件轴向上出现双峰值，即端部的径向电磁力被提高，而中心被削弱。本节案例中，中心处径向电磁力大致为端部的二分之一。最终经过电磁-结构耦合模型计算工件变形行为，其变形过程如图 5.13 所示。由此可见，在这种新型分布的电磁力作用下，管件轴向上的变形轮廓一开始也呈"凹型"分布；当放电时间增加，管件轴向上端部变形速度增大，带动中部变形；直到 450 μs 放电完成，管件轴向上中部最终变形和端部基本一致，达到一个平整均匀的程度。

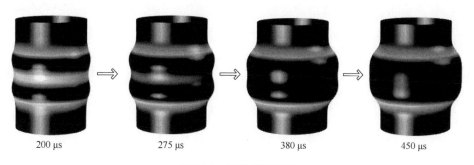

　　200 μs　　　　　　　　275 μs　　　　　　　　380 μs　　　　　　　　450 μs

图 5.13　管件变形过程

由以上分析可得，基于凹型线圈的管件电磁胀形技术能够改善管件轴向变形不均匀的问题。为了充分利用该技术的优势，分析新型径向电磁力与工件变形行为的关系尤为重要。接下来将分析系统参数对管件胀形均匀性的影响，进行参数优化，达到最佳均匀变形效果。

5.1.3　均匀性判据

为了分析与比较电磁管件成形的均匀性，设立一个合理的均匀性判据具有重要的意义和作用。对于管件电磁成形径向变形轴向上分布的均匀性研究，哈尔滨工业大学李春峰教授课题组提出了管件均匀性判据如下：提取与比较管件外表面母线上的节点位移，找出最大和最小的节点位移，并令最大节点位移为 D_{max}，最小节点位移为 D_{min}，若两者差值不大于 D_{max} 的20%，则认为是满足均匀变形。进一步地，哈尔滨工业大学于海平等针对管件电磁缩颈研究了其成形均匀性，认为均匀性取决于管件长度与线圈高度的比值 R'。在管件电磁缩颈过程中，随着比值 R' 的增大，成形轮廓从"圆桶"形状过渡到"喇叭"形状，因此比值 R' 应有一个对应于最优均匀性的临界值 R'_c。由此，于海平提出了新的管件成形均匀性判据，即求管件端部径向位移量与管件中心的位移量的比值 dt/dc，并认为当该比值 $dt/dc = 1$ 时，对应于临界值 R'_c，管件电磁成形均匀性最佳。基于以上分析，华中科技大学莫建华教授课题组针对管件长度小于线圈高度的情况，研究管件电磁胀形的均匀性，提出了新的均匀性判据标准，称为 R-value准则，即分析管件径向位移最大值与最小值的比值 R 与管件的纵横比（管件长度与直径的比值）的关系，得到当比值 R 取 0.95～1.05 且管件能够达到均匀胀形的管件纵横比时，该均匀性判据标准有助于环电磁成形的应用。由此可见，合理的均匀性判据标准对于管件电磁胀形中均匀性研究有着重要意义。然而，第一个均匀性判据认为管件变形最大值与最小值之间只要相差 20%以内即算是具有均匀性，当管件变形量增大，其最大值较大时判据中的差值也变大，最终导致均匀性判据失效。因此，该方法只适用于小成形深度的电磁成形中。而 Li 等利用电磁力之间的比值来衡量均匀性，但由于电磁力分布和管件变形都是随时间变化的，该标准也存在局限性。因此，分析比值 R 与一个参数之间的关系，来达成分析目的，并得到应用是目前较为合理的均匀性判据标准，此研究将有助于解决一些电磁成形的工程问题。

本节将以 R-value 准则为基础，提出针对本章节分析成形均匀性的新标准，称为 R-L 判据。本节管件胀形过程及结果具有对称性，线圈中心和管件中心平齐；成形后管件轴向上的位移量必有峰值点，且由于端部效应，峰值点处两侧位移量连续平缓减少；从研究特性来看，管件胀形后轴向分布有两种情况，即单峰分布和双峰分布，且 $R \leq 1$，如图 5.14所示。因此，R-L 判据的具体步骤如下：从成形管件最大位移量节点出发，往其上下两端逐渐增大搜索管件位移值的范围；在这个管件长度范围内，计算其

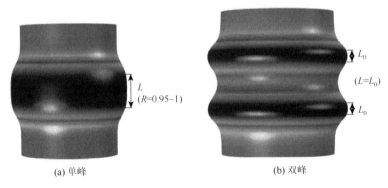

(a) 单峰   (b) 双峰

图 5.14　成形管件正视图

节点位移量最小值与该最大值的比值 R，若满足 $R = 0.95 \sim 1$，则继续往上下两端扩大搜索范围；当比值 R 在某个节点达到临界值 0.95 时，停止增大搜索范围；记录该长度范围 L，称为最大均匀范围。由此可见，通过最大均匀范围 L，可以直观地分析与比较管件成形均匀性；并且，当管件高度一致时，L 越大，该系统中管件成形越均匀。由于管件胀形结果为单峰或双峰，其峰值点两端分布平缓没有振荡，$R\text{-}L$ 判据中上或下的单向搜索符合实际；并且，当管件胀形结果为双峰时，由于胀形的对称性，其最大均匀范围 L 为任意一个峰值点处所搜索的长度范围。

5.1.4　小结

本节主要介绍了管件电磁成形的基本原理，并建立了本节所采用的仿真有限元模型。首先，分析了管件电磁成形的基本原理，并结合基本原理建立基本仿真模型，使用试验数据验证了该仿真模型的有效性；其次，提出了本节对电磁成形非均匀问题的解决方案，进而建立了基于凹型线圈的管件电磁胀形仿真模型，并初步达到了管件轴向胀形均匀的目的；最后，为了使接下来更为直观地探究新型线圈对成形均匀性的影响，提出了衡量均匀性的新方法 $R\text{-}L$ 判据。

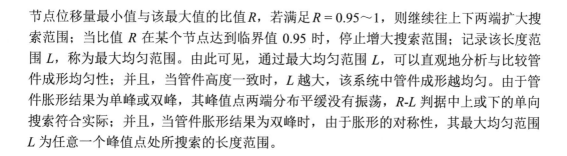

5.2　基于凹型线圈的管件电磁胀形电磁力分布和均匀性

5.2.1　电磁力分布与管件胀形均匀性的关系

为了改善管件胀形均匀性，本书提出使用凹型线圈激励的新方法，使其获得新型分布的"凹型"电磁力，本小节将分析该电磁力分布与管件胀形均匀性之间的关联。由于电磁力分布主要取决于驱动线圈的结构参数，电磁力大小主要取决于系统的电参数，下面通过改变其系统参数来实现电磁力可调，并得到电磁力分布对管件胀形均匀性的影响特征。本书的电磁力分布曲线是取管件直径 77 mm 处轴向分布上的，并且取峰值最大时的径向电磁力分布进行分析。

下面分析在基于凹型线圈的电磁管件胀形系统中，不同电参数和材料参数对管件胀形均匀性的影响特征，其中基于凹型线圈的电磁管件胀形系统如 5.1 节所述。在线圈结构参数保持不变的情况下，着重分析不同放电电压、脉冲电流频率和工件材料对其均匀性的影响，并以 5.1 节所述的 $R\text{-}L$ 判据来衡量均匀性的不同程度。

（1）放电电压。分析不同放电电压对管件胀形均匀性的影响特征，保持外电路参数及结构参数不变；取 8 组不同放电电压，2.8 ～ 5.6 kV，增大步长为 400 V，通过不同放电电压放电，管件电磁胀形分析结果如图 5.15 所示。

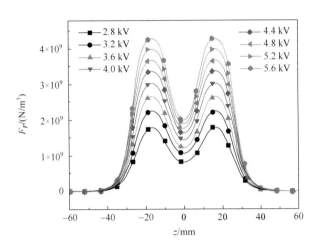

图 5.15　不同放电电压下径向电磁力分布

　　由图 5.15 可见，在凹型线圈的激励下，工件的径向电磁力呈"凹型"分布，有两个峰值点，管件轴向中心处的径向电磁力被明显削弱；随着放电电压的增大，径向电磁力的两个峰值增大，而增大的数值大致相等，即径向电磁力的峰值与放电电压成正比；改变放电电压不会改变管件轴向上出现径向电磁力峰值的位置，在本算例中，不同放电电压的情况下，其峰值位置都在 $z = -16$ mm 和 $z = 16$ mm 处。这是因为凹型线圈减少了线圈轴向中心处的匝数，径向电磁力端部较大；放电电压成比例增大，同时磁通密度增大，径向电磁力的峰值随之增大；在螺旋管线圈的激励下，对应成形管件在线圈轴向中心处有径向电磁力峰值，因此凹型线圈的外环线圈可看成两个螺旋管线圈，径向电磁力峰值位置对应于外环线圈不会改变。

　　由图 5.16 可见，随着放电电压和径向电磁力的增大，管件胀形轴向轮廓从"凹型"到"凸型"变化，且管件轴向上的最大径向位移量随放电电压增大而增大。这是

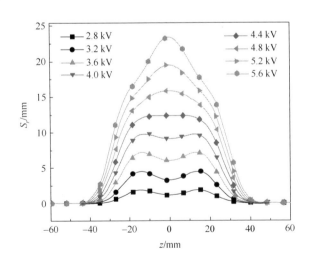

图 5.16　不同放电电压下径向位移分布

因为双峰值的径向电磁力导致管件胀形轮廓为"凹型"，当放电电压增大后，管件中部受约束较低而被管件端部带动快速成型为"凸型"。

由图 5.17 可见，从 L 值可以直观地看出管件胀形不同程度的均匀性及变化趋势：L 在一开始先增大，对应于管件胀形轮廓为"凹型"期间；L 在放电电压为 4.4 kV 附近出现最大值，这是对应于管件胀形轮廓从"凹型"过渡到"凸型"的临界点；L 最后开始下降，这部分是管件胀形轮廓为"凸型"期间。因此，不同放电电压会得到不同程度的管件均匀胀形，且在一个特定的基于凹型线圈的电磁管件胀形系统中，存在一个放电电压能够得到最佳管件均匀胀形效果，而这个放电电压就是对应于管件胀形轮廓从"凹型"过渡到"凸型"的临界点处。本算例中这个放电电压大致为 4.4 kV。

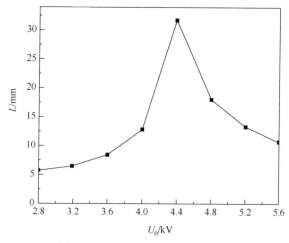

图 5.17　不同放电电压下 L 值分布

（2）脉冲电流频率。分析不同脉冲电流频率对管件胀形均匀性的影响特征，通过调整电容 C 和放电电压 U_0 保持放电总能量不变，得到 8 组不同脉冲电流频率下的管件电磁胀形分析结果如图 5.18 所示。

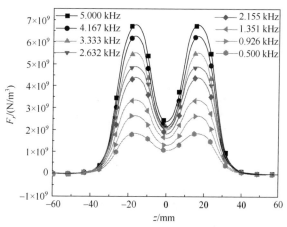

图 5.18　不同放电频率下径向电磁力分布

由图 5.18 可见，随着放电频率的增大，工件的径向电磁力峰值增大，但两个峰值出现的位置不会改变；工件径向电磁力的增大幅度与频率增大幅度相对一致，即峰值大小与频率大小成正比。这是因为脉冲电流频率越大电流变化率越大，磁通密度增大，径向电磁力增大。

由图 5.19 可见，随放电频率及径向电磁力的增大，管件胀形量经历了先增加后减少的过程：胀形后管件轴向轮廓从"凹型"分布过渡到"凸型"分布，最后又回到"凹型"分布。这是因为管件成形结果取决于放电时间和电流峰值共同作用，当频率较低时，电流峰值小，但作用时间长；当频率增大，电流峰值大，但作用时间短。

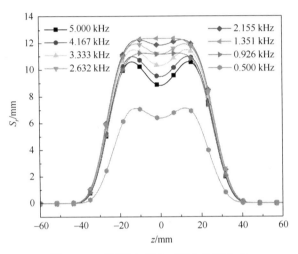

图 5.19　不同放电频率下径向位移分布

由图 5.20 可见，不同放电频率能够影响管件电磁胀形均匀性，随着频率的增大，管件轮廓从"凹型"到"凸型"变化，到达此临界点处达到均匀性的最佳效果，其 L 值瞬间提升；当超过临界点后，管件电磁胀形结果回到"凹型"分布，L 值降低。因

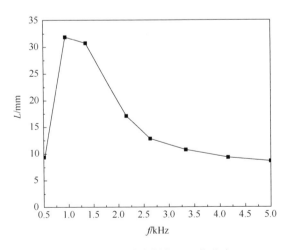

图 5.20　不同放电频率下 L 值分布

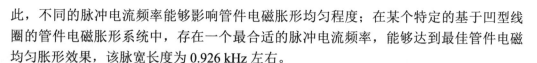

此，不同的脉冲电流频率能够影响管件电磁胀形均匀程度；在某个特定的基于凹型线圈的管件电磁胀形系统中，存在一个最合适的脉冲电流频率，能够达到最佳管件电磁均匀胀形效果，该脉宽长度为 0.926 kHz 左右。

（3）工件材料。分析不同的工件材料对管件电磁胀形均匀性的影响，取退火后的四类铝合金材料，即 AA1060-O、AA3003-O、AA5070-O 和 AA6063-O。为了更好地对比分析不同工件材料对管件胀形均匀性的影响，分别按上面的结论调整放电电压并找到对应均匀胀形的最佳放电电压进行放电，其系统参数如表 5.4 所示。通过不同工件材料的应用，管件电磁胀形分析结果如表 5.4 所示。

表 5.4　工件材料参数及 L 值

工件材料	密度/(kg/m³)	导电率(IACS)/%	初始屈服应力/MPa	泊松比	杨氏模量/GPa	放电电压/kV	L/mm
AA1060-O	2700	62	21	0.33	68	3.55	28.666
AA3003-O	2800	44	40	0.33	70	4.10	27.667
AA5070-O	2700	31	140	0.33	68	6.00	24.333
AA6063-O	2700	58	90	0.33	69	4.90	25.334

由图 5.21 可见，不同工件材料对应不同的径向电磁力峰值。由于这四类铝合金材料特性主要差异在导电率和初始屈服应力上，工件的径向电磁力大小与工件材料的导电率及初始屈服应力相关。工件材料的初始屈服应力越大，达到最佳均匀胀形效果所需的径向电磁力就越大，可见径向电磁力大小与初始屈服应力成正比。

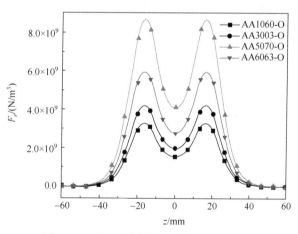

图 5.21　不同工件材料下径向电磁力分布

由图 5.22 可见，当工件为不同材料时，达到各自最佳均匀胀形后，其最大径向胀形量不同，运用材料 AA1060-O 和 AA3003-O 时的径向胀形量相近且大于运用材料 AA5070-O 和 AA6063-O。相应地，四组不同工件材料的算例得到的最大均匀范围 L 如表 5.4 所示，其 L 值相近，因此铝合金的不同系列工件材料对最终管件胀形均匀性影响不大，主要细微表现在工件初始屈服应力较小的 L 值稍微较大。

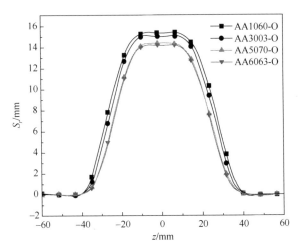

图 5.22　不同工件材料下径向位移分布

综上所述，通过改变放电电压、脉冲电流频率和工件材料来调整电磁力分布进而研究管件胀形均匀性的变化过程，可以总结为：①放电电压和脉冲电流频率的增加会增大径向电磁力，但径向电磁力峰值所处的位置保持不变；不同工件材料均匀胀形所需径向电磁力大小和其初始屈服应力成正比，但径向电磁力峰值位置仍然不变。②在一个特定的基于凹型线圈的管件电磁胀形系统中，存在一个对应于管件胀形均匀性效果最佳的放电电压或脉冲电流频率，且这个最佳胀形结果对应于管件胀形轮廓为"凹型"和"凸型"之间的临界处。③工件材料对管件胀形的最大均匀范围影响较小，主要体现为初始屈服应力大的材料均匀胀形径向深度较小，其最大均匀范围 L 值也较小。

5.2.2　线圈结构参数对管件胀形均匀性的影响特征

本小节将分析在基于凹型线圈的电磁管件胀形系统中，不同线圈结构参数对管件胀形均匀性的影响特征。保持以下参数不变：放电电流脉宽为 300 μs，峰值为 1.6×10^{10} A/m²，线圈与管件的距离为 3.8 mm，凹型线圈的内环线圈内径与外环线圈内径一致。在以上参数保持不变的情况下，着重分析不同内环线圈高度、内环线圈外径、外环线圈高度和外环线圈内径对其均匀性的影响，同时以最大均匀范围 L 来衡量均匀性的不同程度。

（1）内环线圈高度。分析不同内环线圈高度对管件胀形均匀性的影响特征，保持凹型线圈内径、外环线圈外径、外环线圈高度和内环线圈外径不变，即分别为 43.4 mm、67.4 mm、16 mm 和 51.4 mm；取 8 组不同内环线圈高度，3～24 mm，其增大步长为 3 mm，在不同内环线圈高度的情况下，管件电磁胀形分析结果如图 5.23 所示。

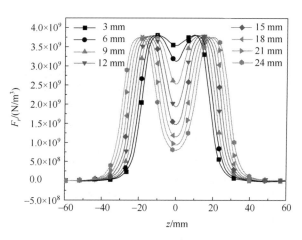

图 5.23　不同内环线圈高度下径向电磁力分布

　　由图 5.23 可见,当内环线圈高度增大,"凹型"分布的径向电磁力的凹处随之扩大,出现径向电磁力峰值的位置离管件轴向中心点越来越远,但峰值大小基本不变;管件轴向中心处径向电磁力降低,其降低速率也降低。这是因为径向电磁力峰值对应于外环线圈,当内环线圈高度增大时,外环线圈对应管件轴向中心点越来越远,径向电磁力峰值的位移亦然;在外环线圈结构不变的情况下,径向电磁力峰值保持不变;由于外环线圈距离管件轴向中心处越来越远,中心处的耦合线圈匝数下降,磁通密度下降,中心点的径向电磁力降低。

　　由图 5.24 可见,随着内环线圈高度的增加,管件轴向上的成形轮廓从"凸型"向"凹型"过渡,管件轴向上径向位移量的最大值逐渐降低。这是因为当内环线圈高度很小时,螺旋管线圈中部削弱很小,凹型线圈结构相当于传统线圈,管件中心的径向电磁力与双峰值相近,成形形状为传统的"凸型";随着内环线圈高度增大,凹型线圈的凹口越来越大,管件成形形状渐渐转变为"凹型";管件轴向中心处的径向电磁力降低,管件中心处径向位移降低。

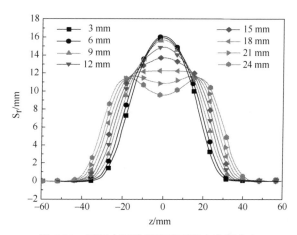

图 5.24　不同内环线圈高度下径向位移分布

由图 5.25 可见，当内环线圈高度较小时，管件胀形轮廓为"凸型"，此时最大均匀范围 L 值较低；当管件轴向上形状为"凸型"到"凹型"过渡的临界点时，L 值变大，此处取得最大值；当管件胀形轮廓为"凹型"时，均匀性降低，L 值随之减少。因此，不同的内环线圈高度能够影响管件电磁胀形均匀程度；在其他结构参数不变的情况下，存在一个最合适的内环线圈高度，能够达到最佳管件电磁均匀胀形效果，本算例中，该内环线圈高度为 18 mm 左右。

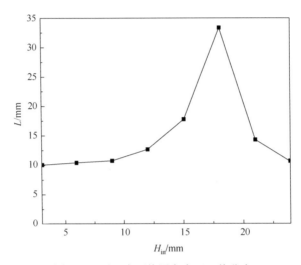

图 5.25　不同内环线圈高度下 L 值分布

（2）内环线圈外径。分析不同内环线圈外径对管件胀形均匀性的影响特征，保持凹型线圈内径、外环线圈外径、外环线圈高度和内环线圈高度不变，即分别为 27.4 mm、67.4 mm、16 mm 和 20 mm；取 8 组不同内环线圈外径，36～64 mm，其增大步长为 4 mm，在不同内环线圈外径的情况下，管件电磁胀形分析结果如图 5.26 所示。

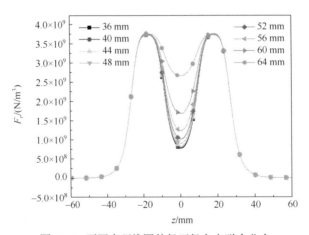

图 5.26　不同内环线圈外径下径向电磁力分布

由图 5.26 可见，随着内环线圈外径的增大，管件的径向电磁力峰值大小及位置基

本不变；管件轴向中心处的径向电磁力增大，且增大速率也提高。这是因为外环线圈
结构不变，峰值大小和位置不变；当内环线圈外径增大时，凹型线圈的凹口越来越
小，管件中心对应的线圈匝数增多，因此管件轴向中心处的径向电磁力将增大；由于
线圈和管件的距离越近，管件的径向电磁力越大，当内环线圈外径增大时，内环线圈
离管件越来越近，径向电磁力增大的速率被提高。

　　由图 5.27 可见，随着内环线圈外径增大，管件胀形轮廓从"凹型"向"凸型"过
渡；管件轴向上径向位移量的最大值变大，且增大速率也变大。这是因为当内环线圈
外径很小时，凹型线圈的凹口较大，管件轴向中心处的径向电磁力被削弱，管件成形
轮廓为"凹型"；当内环线圈外径增大时，管件中心处径向电磁力也增大，使管件轴
向中心处的径向位移量增大，管件胀形轮廓最终将变为"凸型"。

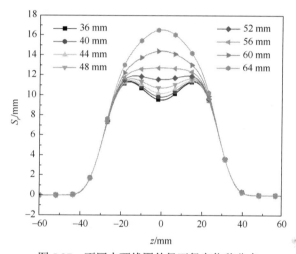

图 5.27　不同内环线圈外径下径向位移分布

由图 5.28 可见，最大均匀范围 L 从管件胀形轮廓为"凹型"时较小，当达到"凹

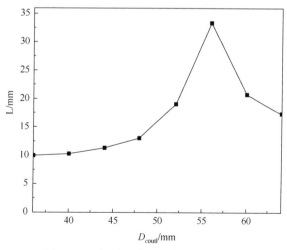

图 5.28　不同内环线圈外径下 L 值分布

型"与"凸型"的临界点处时取得最大值;当内环线圈外径增大到临近传统螺旋管线圈时,其 L 值较低。因此,不同的内环线圈外径能够影响管件电磁胀形均匀程度;在其他结构参数不变的情况下,存在一个最合适的内环线圈外径,能够达到最佳管件电磁均匀胀形效果,本算例中,该内环线圈外径为 56 mm 左右。

(3)外环线圈高度。分析不同外环线圈高度对管件胀形均匀性的影响特征,保持凹型线圈内径、外环线圈外径、内环线圈外径和内环线圈高度不变,即分别为 41.4 mm、67.4 mm、53.4 mm 和 20 mm;取 8 组不同外环线圈高度,6~27 mm,其增大步长为 3 mm,在不同外环线圈高度的情况下,管件电磁胀形分析结果如图 5.29 所示。

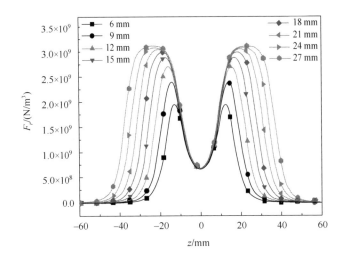

图 5.29　不同外环线圈高度下径向电磁力分布

由图 5.29 可见,随着外环线圈高度增加,管件的径向电磁力峰值大小增大,但增大速率降低;径向电磁力峰值出现的位移离管件轴向中心处越来越远;管件轴向中心处的径向电磁力基本不变。这是因为径向电磁力的双峰值对应于外环线圈,当外环线圈高度增大时,外环线圈的匝数变多,管件的径向电磁力峰值大小变大;径向电磁力的峰值对应于螺旋管线圈中心,径向电磁力的峰值位移随外环线圈高度增加而渐渐远离管件中心;管件轴向的中心处径向电磁力对应于内环线圈,当内环线圈结构不变时,此处径向电磁力也保持不变。

由图 5.30 可见,管件胀形轮廓随外环线圈高度的增加从"凸型"向"凹型"过渡;管件轴向上径向位移量的最大值也增大。这是因为当外环线圈高度很小时,凹型线圈接近传统线圈,管件胀形轮廓为"凸型";当外环线圈高度增大时,端部径向电磁力增大,端部径向位移量增大,使得管件胀形轮廓呈"凸型"到"凹型"过渡;内环线圈与管件的距离相比于外环线圈较远,管件胀形的位移量大多决定于外环线圈,随外环线圈高度增大管件胀形量也增大。

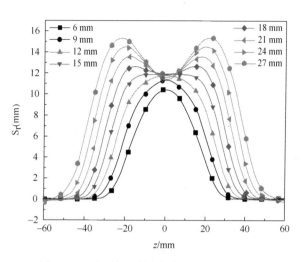

图 5.30　不同外环线圈高度下径向位移分布

　　由图 5.31 可见，最大均匀范围 L 当外环线圈高度较低时很小，对应于管件胀形轮廓的"凸型"形状；当管件胀形轮廓呈"凸型"过渡到"凹型"的临界点处时，L 值取得最大；当外环线圈高度继续增大，管件胀形结果呈"凹型"分布，均匀性降低，L 值变小。因此，不同的外环线圈高度能够影响管件电磁胀形均匀程度；在其他结构参数不变的情况下，存在一个最合适的外环线圈高度，能够达到最佳管件电磁均匀胀形效果，本算例中，该外环线圈高度为 15 mm 左右。

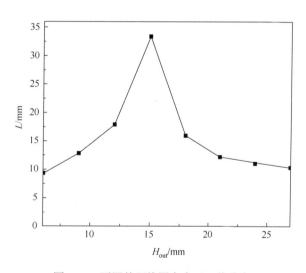

图 5.31　不同外环线圈高度下 L 值分布

　　（4）外环线圈内径。分析不同外环线圈内径对管件胀形均匀性的影响特征，保持外环线圈外径、外环线圈高度、内环线圈宽度和内环线圈高度不变，即分别为 67.4 mm、16 mm、4 mm 和 20 mm；取 8 组不同外环线圈高度，28～56 mm，其增大步长为 4 mm，在不同外环线圈内径的情况下，管件电磁胀形分析结果如图 5.32 所示。

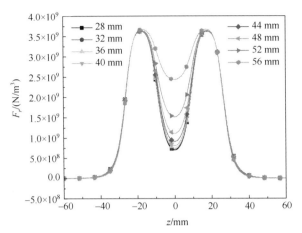

图 5.32　不同外环线圈内径下径向电磁力分布

由图 5.32 可见，随着外环线圈内径的增大，径向电磁力峰值基本不变；径向电磁力的峰值所处位置也基本保持不变；管件中心处的径向电磁力增大，且增大速率也提高。这是因为外环线圈内径增大，外环线圈匝数降低，但降低的部分离管件较远，径向电磁力峰值变化幅度极小；径向电磁力的峰值所处位置取决于外环线圈的高度，基本不变；外环线圈内径的增大导致内环线圈部分渐渐靠近管件，此时管件中心处磁通密度增大，径向电磁力也增大。

由图 5.33 可见，随着外环线圈内径的增大，管件胀形轮廓呈"凹型"向"凸型"过渡；管件轴向上径向位移量的最大值增大。这是因为当外环线圈内径较小时，内环线圈部分离管件较远，管件中心处径向电磁力被削弱程度大，管件轴向中心处径向位移量小，管件胀形轮廓呈"凹型"分布；当外环线圈内径增大时，内环线圈部分靠近管件，凹型线圈渐渐接近传统螺旋管线圈，管件胀形轮廓将逐渐过渡为"凸型"。

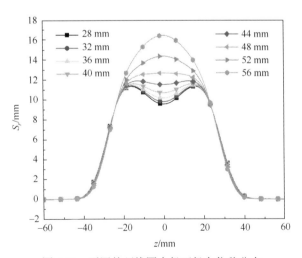

图 5.33　不同外环线圈内径下径向位移分布

由图 5.34 可见，最大均匀范围 L 随管件胀形轮廓变化，随外环线圈内径增大，管件胀形结果呈"凹型"到"凸型"过渡；L 值存在一个最大值，且对应于"凹型"到"凸型"的临界处。因此，不同的外环线圈内径能够影响管件电磁胀形均匀程度；在其他结构参数不变的情况下，存在一个最合适的外环线圈内径，能够达到最佳管件电磁均匀胀形效果，本算例中，该外环线圈内径为 48 mm 左右。

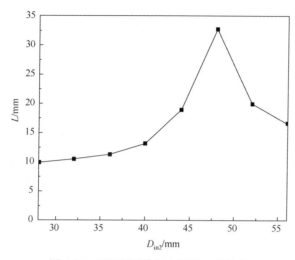

图 5.34　不同外环线圈内径下 L 值分布

综上所述，通过改变内环线圈高度、内环线圈外径、外环线圈高度和外环线圈内径来调整电磁力分布进而研究管件胀形均匀性的变化过程，可以总结为：①工件的径向电磁力大小取决于对应的线圈匝数与线圈和管件间距大小，径向电磁力峰值所在位置对应的线圈匝数越多，或者线圈和管件间距越小，径向电磁力就越大。工件中心处径向电磁力大小主要取决于内环线圈，端部径向电磁力大小主要取决于外环线圈。②工件的径向电磁力峰值所在位置取决于对应的线圈高度，一般在线圈轴向中心点所径向对应的工件节点处。③对于一个特定的工件，可以对线圈结构进行参数优化而达到最佳均匀成形效果，且这个最佳胀形结果也对应于管件胀形轮廓为"凹型"和"凸型"之间的临界处。④由图 5.28 和图 5.34 可以看出，不同的线圈结构能够得到一致的胀形均匀程度。因此，相同的均匀胀形范围可以由不同的线圈系统激励得到，凹型线圈的结构参数设计有望多样化。

5.2.3　传统线圈成形与凹型线圈成形对比分析

为了分析本章新型线圈的优势，本小节将建立基于凹型线圈的管件电磁胀形系统和传统螺旋管线圈的对比分析。其中凹型线圈及工件的结构参数如表 5.3 所示，为了形成有效的对比分析，取传统螺旋管线圈高度与凹型线圈高度一致，且在两种线圈放电后管件最大径向胀形量一致的条件下，进行磁通密度分布、工件的轴向磁感应强度、工件的径向电磁力及工件的胀形结果的对比分析。表 5.5 是传统螺旋管线圈的结构参数。

表 5.5　传统线圈结构参数

参数符号	参数描述/mm	参数值
D_{cin}	线圈内径	51.4
D_{cout}	线圈外径	67.4
H_c	线圈高度	52.0

　　图 5.35 和图 5.36 分别为基于传统线圈的管件电磁胀形系统和基于凹型线圈的管件电磁胀形系统的磁通密度分布云图，线圈与工件之间的间隙处磁感应强度较强，并且由图 5.36 可见，凹型线圈中部轴向磁感应强度被削弱，小于端部两侧。

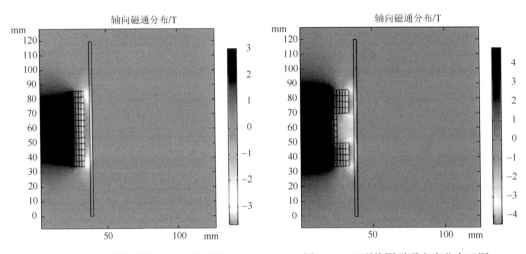

图 5.35　传统线圈磁通密度分布云图　　　　图 5.36　凹型线圈磁通密度分布云图

　　由于线圈中部匝数降低，凹型线圈中部与工件的间隙中磁感应强度降低，工件的轴向磁感应强度沿管件轴向上呈"凹型"分布，如图 5.37 所示。而径向电磁力主要取决于轴向磁感应强度，在凹型线圈的激励下，径向电磁力也呈"凹型"分布，如图 5.38 所示。当使得传统线圈和凹型线圈激励下的管件胀形量一致时，轴向磁感应强

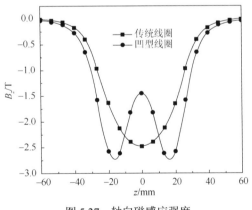

图 5.37　轴向磁感应强度

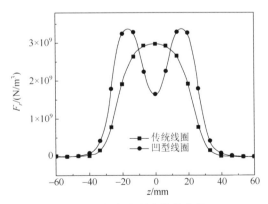

图 5.38　径向电磁力的分布情况

度及径向电磁力在管件轴向中心处被削弱，但端部处增大，并且增加至高于原本的峰值。这是因为施加"凹型"分布的径向电磁力后，管件轴向中心处的胀形是由端部带动成形，而要达到管件轴向中心处的胀形量与端部一致，即"凹型"向"凸型"过渡的临界处，端部径向电磁力应足够大。

　　在传统线圈和凹型线圈胀形系统中，当放电电压分别为 $U_0 = 3.33$ kV 和 $U_0 = 4.40$ kV 时，取得相近的最大径向胀形量，分别为 12.402 mm 和 12.353 mm。图 5.39 所示为此时两种情况下管件胀形结果，在基于传统线圈的管件电磁胀形系统中，工件的径向电磁力呈"凸型"分布，导致管件胀形结果为轴向中部较端部凸出很多；而在基于凹型线圈的管件电磁胀形系统中，"凹型"分布的径向电磁力使得管件端部的胀形量增加，达到轴向上的胀形平整且均匀。通过本节的均匀性判据计算，两种情况下最大均匀范围 L 分别为 11.667 mm 和 31.666 mm，凹型线圈的应用使得 L 值增大了近 2 倍，效果显著。

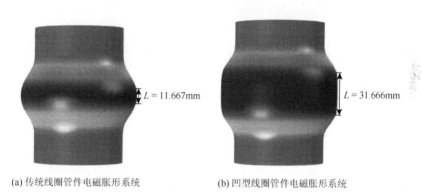

(a) 传统线圈管件电磁胀形系统　　　　(b) 凹型线圈管件电磁胀形系统

图 5.39　管件电磁胀形结果

5.2.4　多层凹型线圈成形均匀性分析

　　由 5.2.3 小节分析可得，对管件进行电磁胀形时使用凹型线圈可以得到管件径向成形轴向分布均匀的效果，但均匀成形范围受到凹型线圈结构的限制。为了增大管件均匀胀形范围，本小节将提出使用多层凹型线圈的方法，即以凹型线圈研究为基础，进行叠加为多层凹型线圈的方式。当线圈凸出部分为 2 个时，为凹型线圈，叠加为 3 个时，称为三层凹型线圈，以此类推，如图 5.40 所示。本小节将通过对比研究凹型线圈和三层凹型线圈对管件均匀胀形范围的影响，阐明多层凹型线圈对增大管件均匀胀形范围的有效性。

　　对高度 150 mm、厚度 2 mm、直径 79 mm 的管件 AA6061-O 进行电磁胀形分析，通过对凹型线圈进行叠加，使用三层凹型线圈时，管件轴向上的径向电磁力分布如图 5.41 所示。由 5.2.1 小节可知，径向电磁力峰值对应于外环线圈，因此三层凹型线圈对应的径向电磁力峰值增至 3 个。由于中间的外环线圈受上下外环线圈的耦合影响，对应的管件轴向磁通强度增加，此处径向电磁力大于上下外环线圈所对应值，出现中心点径向电磁力过大。

131

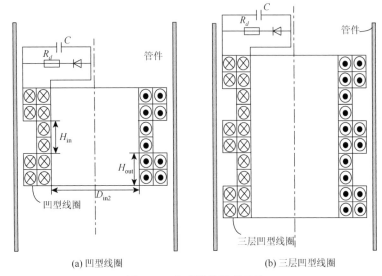

(a) 凹型线圈   (b) 三层凹型线圈

图 5.40   电磁管件胀形系统

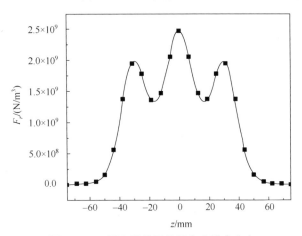

图 5.41   三层凹型线圈的径向电磁力分布

图 5.42 所示为通过三层凹型线圈得到的管件胀形过程。结合 5.2.1 小节所述的管件胀形过程，即管件均匀胀形是由"凹型"变形向"凸型"变形过渡得到，显然通过三层同样匝数的外环线圈所组成的三层凹型线圈使得管件胀形始终是"凸型"分布。因此，图 5.41 的电磁力分布达不到管件轴向均匀胀形的目的。

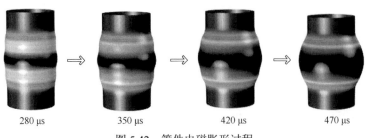

280 μs   350 μs   420 μs   470 μs

图 5.42   管件电磁胀形过程

通过以上对三层凹型线圈的分析，为了解决达不到均匀管件胀形的问题，本书在使用三层凹型线圈时，适当减少中间外环线圈的宽度，从而削弱中心处径向电磁力；通过优化三层凹型线圈的结构参数，得到新型径向电磁力分布，如图 5.43 所示。

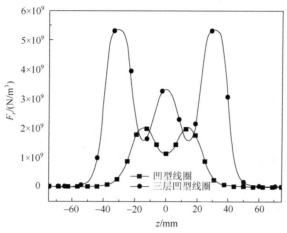

图 5.43　两者电磁管件胀形系统径向电磁力分布

为了体现三层凹型线圈对增大管件胀形均匀范围的有效性，对凹型线圈和三层凹型线圈进行对比分析。取凹型线圈的内径为 43.4 mm，外环线圈的外径为 67.4 mm，外环线圈的高度为 16 mm，内环线圈的外径为 51.4 mm，内环线圈的高度为 16 mm；三层凹型线圈的上下外环线圈和内环线圈参数与其一致，中心处的外环线圈外径适当减少为 64.4 mm。由 5.2.1 小节可知，使用凹型线圈进行管件电磁胀形过程中，通过改变放电电压可以得到最佳均匀范围。因此，分别经过调整放电电压，使管件胀形接近从"凹型"到"凸型"的分界处，此时的电磁力分布及管件轴向变形位移分别如图 5.43 和图 5.44 所示。由此可见，使用三层凹型线圈对管件进行电磁胀形后，相比未叠加的凹

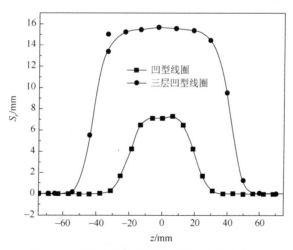

图 5.44　两者电磁管件胀形系统径向位移分布

型线圈，当管件均匀胀形时，管件胀形深度和广度都增大。图 5.45 是管件胀形结果对比，使用三层凹型线圈使得管件胀形均匀范围从 23.75 mm 增至 51.66 mm，增大一倍以上。因此，通过使用多层凹型线圈能够实现对管件胀形均匀范围的扩大，同时使得管件胀形更多样化，有望控制管件均匀胀形范围；但需要得到管件均匀胀形结果，需要调整中心处的外环线圈来调整径向电磁力，使其满足低于两边径向电磁力的要求。

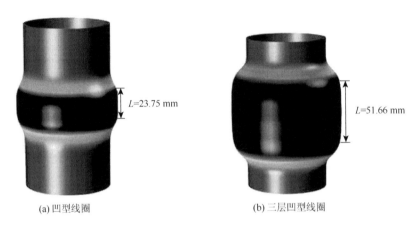

(a) 凹型线圈　　　　　　　　　　　　(b) 三层凹型线圈

图 5.45　管件电磁胀形结果

5.2.5　小结

本节首先分析了电磁力分布与管件胀形均匀性之间的关联，通过改变其系统参数来调整电磁力分布，使得管件胀形结果在轴向的"凹型"分布与"凸型"分布之间过渡，而该过渡过程的临界处得到最佳管件均匀胀形。其中，电参数主要影响径向电磁力峰值大小，线圈结构参数还能够影响径向电磁力峰值位置，每一个特定的凹型线圈系统都可以经过调整其中一个参数来得到该系统管件的最佳均匀变形结果。另外，经过仿真对比传统线圈和凹型线圈成形后的管件均匀胀形结果，得到使用凹型线圈能够使管件均匀胀形范围增大 2 倍左右的结论；而为了得到更大的管件均匀胀形范围，本节提出使用多层凹型线圈，并使用仿真模拟三层凹型线圈相比凹型线圈能够再扩大管件均匀范围 1 倍以上。

5.3　基于凹型线圈的管件电磁胀形试验

5.3.1　基于凹型线圈的管件电磁胀形系统设计

结合前面的仿真分析，本节将建立基于凹型线圈的管件电磁胀形系统设计方案，并依托华中科技大学国家脉冲强磁场科学中心（筹）进行线圈组制作、线圈放电和管件成形等试验。本小节为试验方案设计过程，主要有对凹型线圈结构的简化说明、线圈绕制过程及放电电路的设定等。

1. 凹型线圈的简化

通过 5.2.1 小节可知，在一个凹型结构的线圈产生的"凹型"分布的电磁力下，调整放电电压能够使得管件胀形轮廓从"凹型"到"凸型"变化且该临界处即为最佳均匀胀形结果，"凹型"分布的电磁力主要源于外环线圈。因此，为了使试验便捷，且又不失准确度，试验部分取凹型线圈中的内环线圈匝数为零，即仅保留外环线圈，忽略中心线圈。图 5.46 为该简化的凹型线圈产生的"凹型"电磁力分布和对应简化线圈的管件成形结果。由此可见，由于此时管件轴向中心处径向电磁力没有内环线圈产生的径向电磁力加辅，主要依靠外环线圈的耦合作用，管件端部变形带动管件中心处时，较未简化的凹型线圈需要更大的径向电磁力峰值；随着放电电压增大，管件胀形达到均匀时放电电压往后推移，即放电电压将高于使用未简化的凹型线圈，本算例中，放电电压为 6.8 kV。由于简化线圈也能够得到"凹型"分布径向电磁力，管件胀形过程也是从"凹型"向"凸型"过渡，管件胀形轴向也能够得到平整胀形轮廓，其基本思想没有改变，该凹型线圈的简化有效。

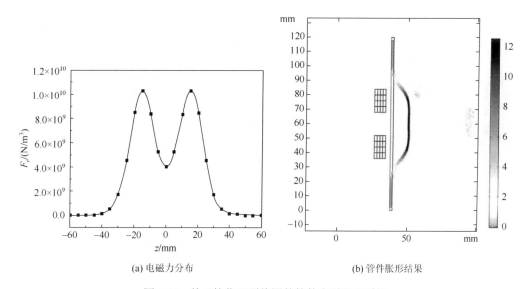

(a) 电磁力分布　　　　　　　　　　(b) 管件胀形结果

图 5.46　基于简化凹型线圈的管件电磁胀形系统

2. 管件电磁胀形系统设计

管件电磁胀形系统设计方案包括凹型线圈的绕制、工件的退火和外电路的设置等。线圈采用 2 mm×4 mm 的铜导线绕制而成，通过仿真分析，分别设计简化后凹型线圈系统和传统线圈系统，如图 5.47 所示。

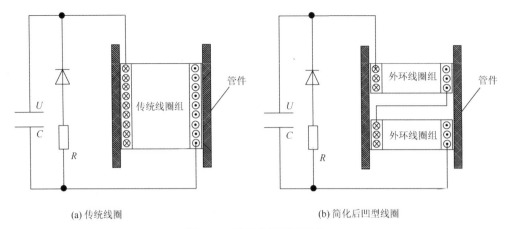

(a) 传统线圈   (b) 简化后凹型线圈

图 5.47 管件电磁胀形系统

（1）线圈绕制工作。使用绕线机绕制线圈，如图 5.48 所示，整个线圈组制作过程包括设计线圈骨架、绕制铜导线、使用环氧加固并绕制 zylon 加固，最后封装导线正负极并使用黑胶固定。

 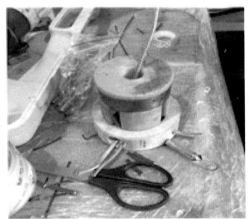

(a) 绕制导线组封装   (b) 线圈

图 5.48 线圈绕制工作

试验部分需要绕制传统线圈和凹型线圈进行对比试验，其中传统线圈为 4 层 12 匝，凹型线圈的外环线圈为 4 层 4 匝，线圈与管件距离为 3.5 mm，上下外环线圈间距 16 mm；凹型线圈径向与管件同圆心，轴向与管件同中心。图 5.49 为所绕制的两组完整线圈组，其中简化的凹型线圈是通过两个外环线圈上下串联而成。

（2）工件材料准备。使用的管件材料为 AA6061-O，是通过大型烧结炉对铝合金管件 AA6061 进行退火操作，具体步骤为 1 h 升温至 400 ℃，随后保温 2 h，最后随炉冷却。

（3）外电路设置。图 5.50 为外电路连接实物图，其中电容器型电源容量为 200 kJ/25 kV/640 μF，电容使用 2 个 160 μF 电容器并联而成，续流电阻使用 3 个 0.8 Ω 电阻并联而成。

(a) 传统线圈　　　　　　　　　　　(b) 凹型线圈

图 5.49　完整线圈组

图 5.50　放电电源系统

5.3.2　基于凹型线圈的管件电磁胀形试验结果

通过 5.3.1 小节所述的线圈绕制与外电路设置准备，连接外电路和凹型线圈形成完整放电回路，如图 5.51（a）所示；通过放电控制系统完成电源的充电、放电和泄能操作，如图 5.51（b）所示。

由 5.2 节的结论可知，在一个基于凹型线圈的管件电磁胀形系统中，通过改变其中一个参数调整管件的径向电磁力，能够使管件胀形轮廓从"凹型"分布过渡到"凸型"分布。因此，为了直观地观察试验的胀形效果，本小节通过调整放电电压得到一组管件胀形过程，如图 5.52 所示。由此可见，不同的放电电压能够使得管件胀形轮廓从"凹型"分布过渡到"凸型"分布，这与前面仿真模拟所述的变形趋势相同。由于试验部分使用的凹型线圈为简化过后的，内环线圈失去效用，管件胀形主要依靠外环线圈激励，管件最佳胀形时放电电压较未简化的高，本组试验中，当放电电压大致为6.5 kV时近乎得到"凹型"和"凸型"的临界处。

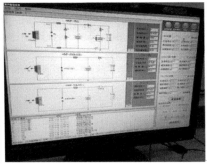

(a) 放电总回路   (b) 放电控制界面

图 5.51 放电准备

图 5.52 不同放电电压的管件电磁胀形结果

本节为了阐明凹型线圈对于管件均匀胀形的有效性，分别使用传统线圈和凹型线圈进行管件电磁胀形对比试验；为了增大对比的合理性，调整放电电压得到传统线圈不同成形量，取与凹型线圈均匀成形管件相近胀形量的管件进行对比分析。图 5.53 为分别使用传统线圈和凹型线圈的管件胀形结果，其中传统线圈成形后管件直径为 99.54 mm，凹型线圈成形后管件直径为 95.80 mm。在这个相近的胀形量下，两个系统的管件胀形均匀范围 L 分别为 8.87 mm 和 27.22 mm，后者是前者的 3.07 倍，因此凹型线圈产生的"凹型"分布的径向电磁力能够使管件径向胀形轴向上变得均匀。

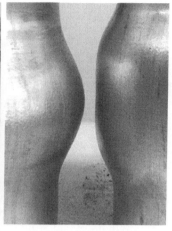

右示细节图

图 5.53　管件电磁胀形对比结果

5.3.3　小结

  本节首先通过仿真分析得到重要结论，简化了凹型线圈的制作，设计了基于凹型线圈的电磁管件胀形试验方案，包括线圈绕制、工件退火和放电电路设置等；其次通过连接放电电路、凹型线圈及工件，形成完整放电电路，建立了基于凹型线圈的电磁管件胀形试验系统；最后通过调整放电电压得到了一组管件胀形结果，管件径向胀形轴向轮廓随着放电电压的增大，从"凹型"分布变化到"凸型"分布，取该变化临界处管件胀形与传统线圈的管件胀形对比，验证了使用凹型线圈对管件胀形均匀性的有效性。

第6章

双向加载式管件电磁翻边

翻边加工工艺是汽车覆盖件冲压成形过程中非常重要的工序之一，它直接影响着整个汽车框架的成形精度及后续的装配和焊接质量；铝合金在室温下成形塑性较低，导致传统翻边加工工艺在铝合金材料加工领域遭遇瓶颈。由于电磁成形能提高材料的塑性，采用电磁翻边工艺可显著提高铝合金的翻边性能。电磁翻边是通过电磁力实现板件和管件翻边的一种加工工艺，可以代替上述传统工艺来进行金属板件和管件的翻边。改变驱动线圈的形状和参数可施加不同的电磁力，工件变形所需的特殊形状得到实现。目前，管件电磁翻边通常采用螺旋管线圈为电磁翻边工件提供电磁力，工件所受到的电磁力以径向电磁力为主；然而，管件翻边实际上是一种同时发生径向胀形和周向扩径拉伸的加工工艺。显然，电磁翻边工艺过程中电磁力分布特性与板管件翻边成形工艺的力场要求不匹配，导致耦合效率低下，严重影响了电磁翻边工艺的工业化应用进程。

针对上述问题，对径向-轴向电磁力加载过程及分布特性进行研究。首先通过增加单线圈的匝数来改变线圈与管件的相对位置，线圈高度的改变导致施加在管壁上的径向电磁力分布发生改变，还提供一定程度的轴向电磁力；然后通过单线圈电磁翻边研究得出的初步规律，在单线圈基础上，在管件端部放置一轴向力线圈，分别提供管件翻边所需径、轴向电磁力；最后对上述方案进行对比分析，满足工件翻边工艺所需的力场要求。

6.1 本书的创新方法

传统管件磁脉冲翻边技术是基于单线圈电磁胀形方法的。管件电磁胀形时，驱动线圈放置在管件内部；管件电磁翻边时，驱动线圈则放置在管件的端口，管件端口受到驱动线圈的电磁力向外作用扩口逐渐达到翻边的效果。但是，传统电磁管件翻边工艺过程中因驱动线圈结构的限制，所需的放电电压高，通常认为工件电磁力以径向电磁力为主，几乎没有考虑到轴向电磁力的作用。这一力场分布特性与翻边工艺力场要求不匹配，导致现有电磁翻边工艺贴膜性差，不能达到理想的翻边效果。再者，驱动线圈单次放电所需的能量过大，管件端口处容易开裂；若驱动线圈对管件多次施加电磁力，则存在电磁力加载-卸载过程，存在的材料硬化也导致加工难度增大。

电磁力时空分布特性是影响电磁翻边性能的最主要因素。针对上述问题，基于管件翻边力场所需的特殊性（图 6.1），调节单线圈和双线圈电磁力施加方式，通过以下

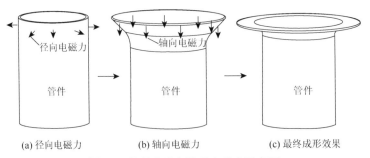

(a) 径向电磁力   (b) 轴向电磁力   (c) 最终成形效果

图 6.1 管件电磁翻边受电磁力示意图

三种管件电磁翻边方法对电磁力施加与翻边效果进行研究。

6.1.1　单线圈管件电磁翻形

　　单线圈管件电磁翻边成形方法：传统单线圈管件电磁翻边研究中，通常认为管件翻边部位主要受到线圈施加的径向电磁力，轴向电磁力几乎不参与管件翻边过程。因此，在此基础上，逐渐增加单线圈匝数，使得线圈高度高于管件端口；此时，管件上的径向电磁力分布已经改变，其径向力最大分布区域向端口转移；而且，管件端口处的径向磁通大大增加，其轴向电磁力也随之增加。管件翻边过程中，管件端口受到径向电磁力增加，还受到轴向电磁力的作用，其翻边效果更为显著。其原理如图 6.2（a）和（b）所示。

6.1.2　双线圈串联管件电磁翻形

　　双线圈径向-轴向电磁力同时加载管件电磁翻边方法：基于传统单线圈电磁胀形系统（径向力线圈），在管件端部引入另一套驱动线圈（轴向力线圈）；径向力线圈为自由胀形区域的管件端口提供径向电磁力，轴向力线圈为变形时的管件翻边区域提供轴向电磁力；采用径向电磁力使管件发生径向胀形，再采用轴向电磁力使管件胀形的部位进一步扩径进行翻边。这一形式施加的电磁力灵活可调，能大幅提升管件电磁翻边效率与成形极限。将两套线圈系统串联，由同一套电容脉冲电源供能，其径向力与轴向力是同时进行加载的。其原理如图 6.2（c）所示。

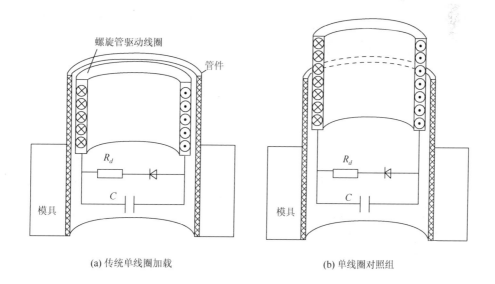

(a) 传统单线圈加载　　　　　　　　　　(b) 单线圈对照组

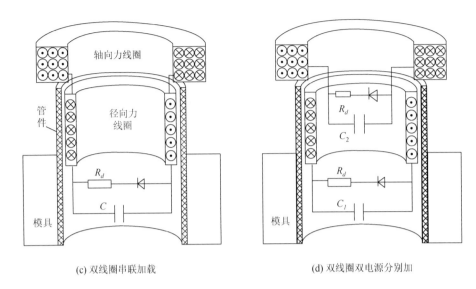

(c) 双线圈串联加载　　　　　　　　　(d) 双线圈双电源分别加

图 6.2　管件电磁翻边原理图

6.1.3　双线圈双电源管件电磁翻形

双线圈双电源径向-轴向电磁力加载管件电磁翻边方法：此方法与上述同时加载方法相似，都为基于传统单线圈电磁胀形系统（径向力线圈），在管件端部引入另一套驱动线圈（轴向力线圈）；径向力线圈为自由胀形区域的管件端口提供径向电磁力，轴向力线圈为变形后的管件翻边区域提供轴向电磁力；但是，与上述两套线圈系统由同一套脉冲电源供能的方式有所不同，本例中两套线圈由不同的电容脉冲电源分别供能，可同时进行触发，实现径向电磁力与轴向电磁力的同时加载；也可以先对径向力线圈进行通电触发，径向电磁力使管件发生径向胀形，再对轴向力线圈进行延时触发，使得施加的轴向力落后于其径向力，使得对一次径向施力后未成形区域进行二次轴向施力，电磁力的大小与加载时序灵活可控，电磁翻边工艺贴膜性与翻边成形精度大大提升。其原理如图 6.2（d）所示。图 6.3（a）和（b）分别为传统单线圈下管件受力力场和双线圈下管件受力力场。

6.1.4　小结

本节基于传统管件电磁翻边技术，分析其成形过程中存在的不足之处，结合电磁力时空分布特性，引入轴向电磁力来进行管件电磁翻边。本节提出两种研究方法，首先通过增加单线圈的匝数从而改变与管件的相对位置进行研究；再者引入双线圈分别提供管件翻边所需径轴向电磁力进行研究。其中成形系统的工装方式可为单电源串联和双线圈双电源分别供能两种方式。

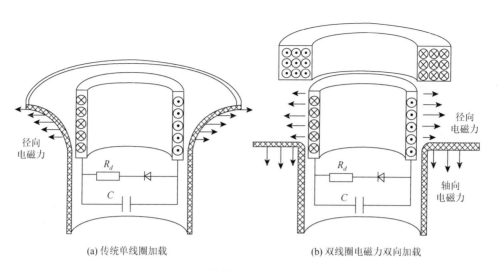

(a) 传统单线圈加载　　　　　　　　(b) 双线圈电磁力双向加载

图 6.3　管件电磁翻边受力力场

6.2　基于单线圈下管件电磁翻边分析

　　电磁成形研究交叉于电气、物理学和材料学等多个学科，其成形过程涉及电路、磁场、温度场和结构场等多个物理场，理论分析与机理研究较为复杂，且过程中成形速度快、应变率高的特点使得难以在试验中直接观察电磁成形瞬态过程。因此，国内外研究人员开发与应用多种多物理仿真模拟软件对电磁成形过程进行瞬态分析。通常应用较广的数值模拟软件有 ANSYS、WAXWELL 和 COMSOL 等。

　　采用有限元法是对电磁成形中电路-电磁-结构耦合过程分析的主要途径之一。耦合过程可以分为松散耦合、顺序耦合、全耦合等多种方法，经过比较分析，全耦合方法较为全面地反映系统中各场、量变化不断迭代修正的过程，具有更高的仿真精度。因此，本节将通过全耦合方法建立基于单线圈下管件电磁翻边分析模型。

6.2.1　建立有限元模型

　　本小节是基于 COMCOL5.3 多物理仿真软件，建立电磁管件翻边过程的电磁-结构场全耦合二维轴对称模型。对多个物理场进行选择与设定边界条件，划分网格提高计算的精度和准确度。本模型中物理场包含三个，分别为电路模型、磁场模型和结构场模型。其仿真流程如图 6.4 所示。

1. 电路模型

　　首先，此模型通过在边界条件中设定对应的电路方程，输入初始参数；然后，对

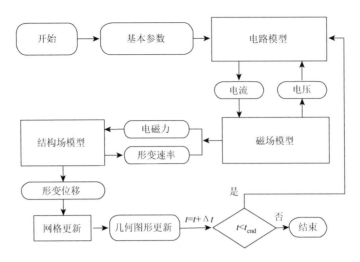

图 6.4　电磁管件翻边仿真流程图

电磁成形中电路耦合过程各个变量进行计算；最后解析出流入驱动线圈瞬时变化的脉冲电流。此电路为典型的 RLC 放电电路，如图 6.5 所示。此电路中包含储能的电容器、给电容器充电的电源、连接线路、驱动线圈、工件和续流回路。续流回路的加入可有效地减少系统中热量的积累从而提高电容器与驱动线圈的寿命。R_l 和 L_l 为线路参数；I_c、L_c 和 I_w、L_w 分别为驱动线圈和管件的电流和自感；M 为线圈与工件之间的互感；U_c 为电容器两端的电压，R_d 为续流回路中电阻。

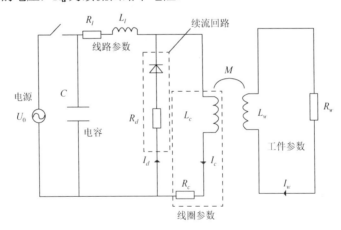

图 6.5　放电电路耦合示意图

因此，电磁成形的等效电路满足下列方程：

$$\left(R_l I_c + L_l \frac{\mathrm{d}I_c}{\mathrm{d}t}\right) + \left(R_c I_c + L_c \frac{\mathrm{d}I_c}{\mathrm{d}t} + M \frac{\mathrm{d}I_w}{\mathrm{d}t}\right) = U_c \tag{6.1}$$

$$U_c = U_0 - \frac{1}{C}\int_0^t (I_c + I_d)\mathrm{d}t \tag{6.2}$$

$$\begin{cases} I_d = 0, & U_c \geqslant 0 \\ I_d = \dfrac{U_c}{R_d}, & U_c < 0 \end{cases} \tag{6.3}$$

2. 电磁场模型

电磁场模型是对驱动线圈中流入脉冲电流而引起的磁场变化进行分析，计算瞬时变化的磁场与电磁力。采用二维轴对称模型模拟这一过程，域内的电磁场方程可简化为

$$\nabla \times H = J \tag{6.4}$$

$$\nabla \cdot B = 0 \tag{6.5}$$

$$\nabla \times E_\varphi = \frac{\partial B_z}{\partial t} + \nabla \times (V_r \times B_z) \tag{6.6}$$

$$J_\varphi = \gamma E_\varphi \tag{6.7}$$

$$F = J \times B \tag{6.8}$$

其中 H 为磁场强度；J 为电流密度；E 为电场强度；B 为磁通密度；v 为管件速度；γ 为管件电导率；下标 r、φ 和 z 分别表示某一矢量的径向、环向和轴向分量。工件受到的电磁力 F 由电流密度 J 和磁通密度 B 决定。

3. 结构场模型

结构场模型模拟出管件受到电磁力而发生形变的全过程。因此，管件受力和位移之间满足如下关系式：

$$\nabla \cdot \sigma + F = \rho \frac{\partial^2 u}{\partial t^2} \tag{6.9}$$

其中 σ 为管件的应力张量；F 为电磁力的体密度矢量；ρ 为管件密度；u 为管件的位移矢量。本书采用 Cowper-Symonds 模型来模拟管件，其本构方程为

$$\sigma = \left[1 + \left(\frac{\varepsilon}{C} \right)^m \right] \sigma_y \tag{6.10}$$

其中 σ 为管件材料在高速变形中的流动应力；m 为应变率硬化参数；C 为黏性参数；σ_y 为准静态条件下的屈服应力。通常 C 值取为 6500，m 值取为 0.25。

通过上述的理论分析与边界设定，接下来即可建立单线圈电磁翻边模型。其系统材料参数与电路参数如表 6.1 和表 6.2 所示。

表 6.1 材料参数

参数符号	参数描述	参数值
	驱动线圈	
D_{in}	内径/mm	28
D_{out}	外径/mm	38
h_c	线圈高度/mm	16
σ_c	电导率/(S/m)	6×10^7
ρ_c	密度/(kg/m³)	8960
E_c	杨氏模量/Pa	1.1×10^{11}
V_c	泊松比	0.35
	铝合金管件	
D_w	内径/mm	39
h_w	高度/mm	35
h_f	翻边高度/mm	15
σ_w	电导率/(S/m)	3.6×10^7
ρ_w	密度/(kg/m³)	2750
E_w	杨氏模量/Pa	68×10^9
V_c	泊松比	0.33
	加固层柴龙	
ρ_o	密度/(kg/m³)	1560
V_o	泊松比	0.0148/0.34/0.34
σ_r	初始屈服强度/Pa	4×10^9
G	剪切模量/Pa	1.12×10^9

表 6.2 电路参数

参数符号	参数描述	参数值
C	电容/μF	320
U	电压/kV	0~10
R_l	线路电阻/mΩ	25
L_l	线路电感/mH	5

　　仿真中的模型的几何结构和网格划分如图 6.6 所示。依次增加单线圈的匝数来探究管件翻边过程中受到的径向电磁力和轴向电磁力的大小与管件最终变形效果之间的联系，对管件翻边效果进一步探索。图 6.7 为建模分析的示意图。

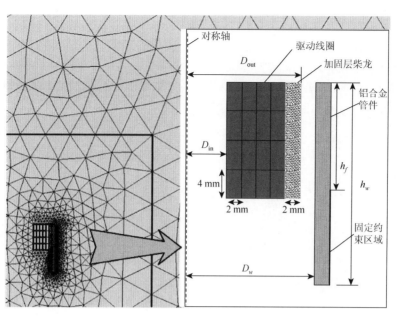

图 6.6　有限元模型及网格划分

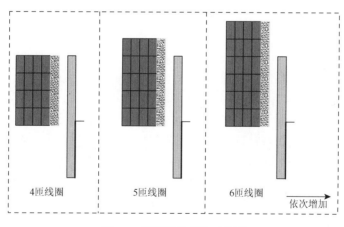

图 6.7　线圈结构变化对比图

6.2.2　磁场和电磁力分析

为了研究径向与轴向电磁力对管件翻边的影响，本小节将通过对比分析的方法，分析轴向和径向电磁力分布对管件管件翻边效果的影响。由于驱动线圈的结构参数直接影响其电磁力的分布，而电路参数又决定其电磁力大小，下面通过改变其结构参数和电路参数来实现电磁力可调，并得到各自电磁力对管件翻边的影响特征。

1. 改变线圈匝数

保持外电路参数不变，放电电压为 2.6 kV；增加单线圈匝数来探究径轴向电磁力分布对管件翻边的影响特征。取 6 组不同匝数的线圈进行研究，线圈匝数从 4 匝到 9 匝依次进行增加，对系统电流、径轴向电磁总力、沿翻边管壁分布径轴向电磁力密度及最终的管件翻边效果进行分析。

由式（6.1）～（6.3）解析得出脉冲电流 I_c，如图 6.8 所示。当线圈的匝数依次增加，电阻增加，导致电流的幅值逐渐下降；电感增加，电流的脉宽逐渐增大。

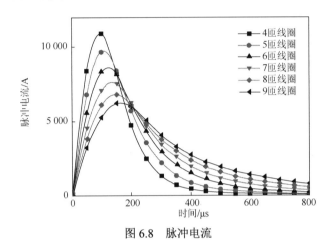

图 6.8　脉冲电流

图 6.9 和图 6.10 为施加在管件上的径向与轴向电磁总力。由图 6.9 可知，线圈匝数增加，径向电磁力总量发生变化，总体呈逐渐减少的趋势。但是，当线圈匝数为 5 匝和 6 匝时，其径向电磁力总量反而较 4 匝增加，此时，施加在管件上的最大径向电磁力为最大。当线圈匝数增加 1 倍时，最大径向电磁力幅值由 47 kN 减少到 25 kN，几乎也减少了一半。图 6.10 中，当线圈匝数为 4 匝时，其最大轴向电磁力较径向电磁力小，幅值不到 10 kN，轴向电磁力对管件翻边效果影响较小；当线圈匝数由 4 匝增加到 6 匝时，最大轴向电磁力逐渐增加，最大上升到 29 kN；当线圈匝数再逐渐增加时，最大轴向电磁力反而减小。这是因为线圈匝数增加，线圈中的电流减小，管件中感应涡流数值也减小，其磁场空间位置发生变化，影响了电磁力的分布，线圈匝数增加时，轴向电磁力呈现先增加后下降的趋势。

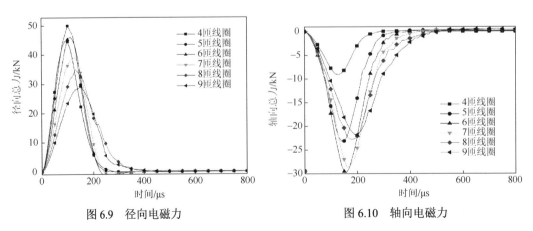

图 6.9　径向电磁力　　　　　图 6.10　轴向电磁力

为了具体分析径向与轴向电磁力对管件翻边的影响，取 2 个时间点沿管壁进行电磁力密度分布分析。图 6.11 中即为 50 μs 和 100 μs 时沿管壁的径向电磁力密度分布。如图 6.11 所示，当线圈匝数增加时，径向电磁力的分布轮廓发生变化。当线圈匝数为 4 匝时，径向电磁力分布呈"圆顶"形，中间区域所受的电磁力大，两端小；当匝数增加时，径向电磁力幅值整体减小，其"圆顶"的弧度逐渐变小，趋于平缓，整体呈缓慢上升的状态，其最大幅值转移到端口区域，端口区域所受的径向电磁力增大。当线圈为 6 匝时，管件端口区域所受的径向电磁力最大。图 6.12 中包含 50 μs 和 100 μs 时沿管壁的轴向电磁力密度分布。如图 6.12 所示，线圈匝数增加，其沿管壁的轴向电磁力增加幅度较大，且沿管壁端口施力范围也逐渐增加。当线圈匝数为 4 匝，轴向电磁力施加的范围仅为管件端口处向下 3 mm 处；当匝数增加，其轴向电磁力施加的范围增加到管件端口处向下 6 mm 处，管壁受到轴向电磁力施加的范围更广，有助于管件翻边成形。但是，随着匝数增加，轴向电磁力增加幅度不大，与上文中的轴向电磁力总力随匝数变化的趋势一致。

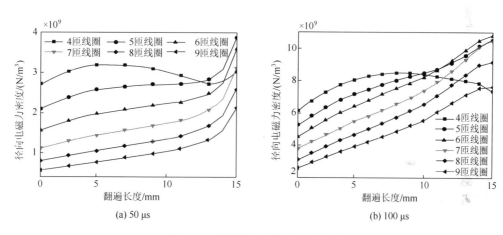

图 6.11　沿管壁的径向电磁力密度

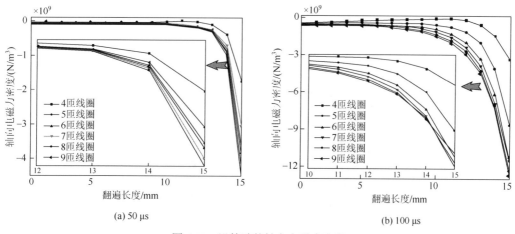

图 6.12　沿管壁的轴向电磁力密度

图 6.13 为 100 μs 时的磁通密度分布。其中径向磁通与管件中的涡流耦合产生轴向电磁力；同样，轴向磁通与管件中的涡流耦合产生径向电磁力。如图 6.13（a）所示，在管件中感应的径向磁通仅仅集中在端口处；如图 6.13（b）所示，管件中感应的轴向磁通均匀分布在管件内壁。

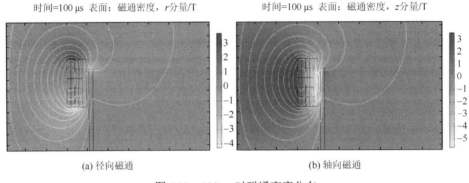

(a) 径向磁通   (b) 轴向磁通

图 6.13   100 μs 时磁通密度分布

图 6.14 为线圈不同匝数下管件翻边形变图。系统电压与电路结构不变的情况下，线圈匝数改变对板件翻边效果的影响较大，当线圈匝数为 6 匝时，翻边效果最好。表 6.3 为管件翻边的测量数据，当线圈为 4 匝时，翻边高度仅为 6.8 mm，翻边角度为 33.4°；当线圈匝数增加时，即线圈的高度高于管件端口，管件的翻边高度与翻边角度大幅度增加。当线圈匝数为 6 匝时，翻边高度最多达到 11.8 mm，翻边角度达到 86.5°，此时翻边效果最好。不过，当线圈的匝数继续增加，管件的翻边高度与翻边角度会减小，反而翻边效果大打折扣，而且当匝数增加到 9 匝时，此时的翻边高度和翻边角度分别为 4.4 mm 和 26.8°，较线圈匝数为 4 匝时的翻边效果差。

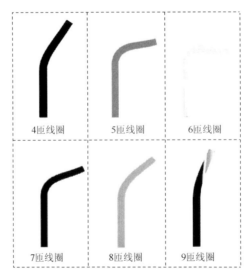

图 6.14   管件翻边二维截面图

表 6.3　管件翻边结果

线圈匝数	4 匝	5 匝	6 匝	7 匝	8 匝	9 匝
翻边高度/mm	6.8	11.6	11.8	10.6	8.2	4.4
翻边角度/(°)	33.4	76.6	86.5	65.3	48.0	26.8

2. 改变放电电压

　　在保持管件形变量一致的情况下，分析增加线圈匝数下所需的放电电压，从而进一步探究径轴向电磁力对管件翻边的影响特征。取 6 组不同匝数的线圈，线圈匝数分别从 4 匝到 9 匝依次进行增加，对系统放电电压和电流、径轴向电磁总力及沿翻边管壁分布径轴向电磁力密度进行分析。

　　图 6.15 为脉冲电流 I_c。为了保持管件形变量相同，不同匝数的线圈两端的电压也相应调整。线圈的匝数依次从 4 匝增加到 9 匝，其放电电压分别为 3.2 kV、2.7 kV、2.6 kV、2.7 kV、2.9 kV、3.1 kV。当线圈的匝数依次增加，电阻增加，导致电流的幅值逐渐下降；电感增加，电流的脉宽逐渐增大。

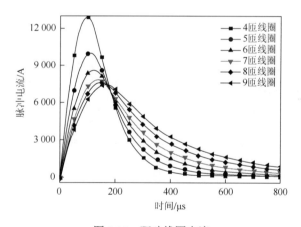

图 6.15　驱动线圈电流

　　图 6.16 和图 6.17 为施加在管件上的径向与轴向电磁力。由图 6.16 可知，线圈匝数增加，径向电磁力峰值发生变化，线圈匝数为 4 匝时，其径向电磁力最大，可达到 62 kN，线圈匝数为 7 匝时，其最大径向电磁力减少到 38 kN，径向电磁力大幅度降低。图 6.17 为管件受到的轴向电磁力，由于匝数增加，电压先减小后增加，轴向电磁力呈逐渐增加的趋势。4 匝线圈两端的电压最大，其径向电磁力最大，但其轴向电磁力最小；9 匝线圈的放电电压较 4 匝线圈小，其呈现的电磁力规律却与之相反，其轴向电磁力最大，径向电磁力却较小。可见，管件翻边成形效果不但与所受到的径向力相关，还与轴向力的作用密不可分。下面对某时间点沿管壁进行电磁力密度分布进一步分析。

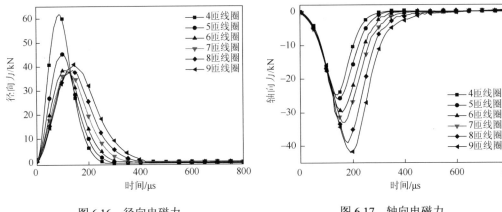

图 6.16 径向电磁力   图 6.17 轴向电磁力

图 6.18（a）中为 100 μs 时沿管壁的径向电磁力密度分布。保持管件翻边的形变量一致，放电电压和线圈匝数同时变化。当放电电压为 3.2 kV，线圈匝数为 4 时，径向电磁力分布呈"圆形"，中间区域所受的电磁力大，两端小。与单一改变放电电压时径向电磁力变化趋势大致相同。当匝数增加时，电磁力整体减小，电磁力分布由平缓趋于缓慢上升的状态，径向电磁力最大值转移到端口处，端口区域的所受的径向电磁力增大。但是有所不同的是，放电电压减小与线圈匝数增加，电磁力沿着管壁大幅度减少，仅仅在管件的端口处径向电磁力增加。图 6.18（b）中为 100 μs 时沿管壁的轴向电磁力密度分布。当放电电压变化，且匝数增加时，轴向电磁力沿管壁呈逐渐增加的趋势，且沿着管壁端口施力范围也逐渐增加。当线圈匝数为 9 匝时，管件上的轴向电磁力幅值最大，且施力范围更广。

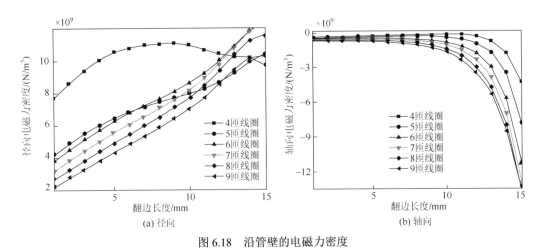

图 6.18 沿管壁的电磁力密度

6.2.3 归一化分析

由上述分析可知，管件翻边成形中，径向力与轴向力都对其成形效果起到了至关重要的作用，单纯的径向力或轴向力对比都不具有比较意义。因此，有必要分析径向电磁力 F_r 与轴向电磁力 F_z 的比值 F_z/F_r 对管件翻边的影响规律。在该方法中，F_z/F_r 值越大，说明管件受到的径向电磁力相较于轴向电磁力越强。以下分别以改变线圈匝数和放电电压进行对比分析。

　　如图 6.19 所示，在相同电压的情况下，线圈匝数增加，F_z/F_r 比值逐渐减小，表明管件受到的径向电磁力减小，且轴向电磁力相对增加。当线圈匝数为 4 时，F_z/F_r 比值为 4.9，此时管件所受以径向电磁力为主。当线圈匝数增为 5 时，线圈结构改变，磁场与力场都发生变化，其径向电磁力反而增加，轴向电磁力增加幅度较大，F_z/F_r 比值减少到 2.2。当线圈匝数为 6 时，径向电磁力降低，轴向电磁力继续增加且为最大 F_z/F_r 比值继续减小。此时管件翻边角度最大，翻边效果最佳。之后线圈匝数由 6 匝升至 9 匝，径向电磁力与轴向电磁力几乎同幅度降低，所以 F_z/F_r 比值曲线趋于平缓，变化幅度不大，此时翻边效果逐渐变差，但仍然较 4 匝线圈下的管件翻边效果好。当管件所受的轴向电磁力最大时，管件翻边效果最好。由上分析可知，管件电磁翻边过程中，对其翻边效果起到决定性作用不是径向电磁力，而是轴向电磁力，轴向力的引入有助于管件翻边成形。

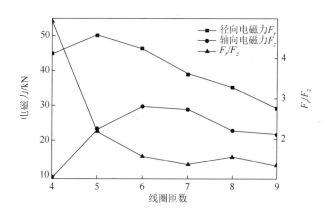

图 6.19　相同电压下，径轴向电磁力、比值与线圈匝数的关系

　　如图 6.20 所示，在管件变形量相同的情况下，线圈匝数增加，放电电压随之发生改变。F_z/F_r 比值逐渐减小，表明管件受到的径向电磁力减小，且轴向电磁力相对增加。当线圈匝数为 4 时，放电电压为 3.2 kV，F_z/F_r 比值为 2.51，此时管件翻边以径向电磁力为主；当线圈匝数增为 5 时，放电电压为 2.7 kV，F_z/F_r 比值为 1.76，此时径向电磁力由 62 kN 减小至 45.6 kN，轴向电磁力由 7.2 kN 增加到 9.3 kN；当线圈匝数为 6 时，径向电磁力进一步大幅度降低，轴向电磁力继续增加，F_z/F_r 比值为 1.3，放电电压仅为 2.6 kV，此时管件翻边角度最大，翻边效果最佳。之后线圈匝数由 6 匝升至 9 匝，放电电压也随之增加，所以径向电磁力不减反而平稳上升，轴向电磁力单调增加，F_z/F_r 比值随之减小。当线圈匝数为 9 时，轴向电磁力最大时，所需的放电电压 3.1 kV，提供的总电能还是较 4 匝线圈小。由以上分析可知，管件电

磁翻边过程中，轴向电磁力可以弥补由径向电磁力不足而带来的缺陷，轴向力的引入使得所需的电能更少。

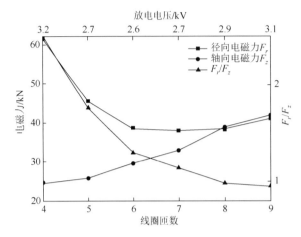

图 6.20　管件变形量相同时，径轴向电磁力、比值与线圈匝数的关系

综上所述，当提供的总电能不变时，轴向力的引入有助于管件进行翻边成形，其成形效果更好。当管件翻边成形后，线圈匝数增加使得轴向电磁力增大且施力范围更广，所提供的放电电压减小，所需的总能量更少。

6.2.4　单线圈管件翻边试验

通过 6.2.3 小节的仿真分析可知，线圈匝数增加，其对管件施加的轴向电磁力随之增加；相同放电电压下，线圈匝数增加，其管件翻边长度增加，翻边效果变好；管件变形量一致情况下，线圈匝数增加，所需的放电电压越小，所需的总能量越小。为了进一步验证仿真模型的正确性，按照仿真参数设计试验。首先基于电磁成形原理建立管件电磁翻边系统设计方案，然后设计与加工符合强度要求的驱动线圈以及符合其研究特点的工装方式，最后进行电磁管件成形试验。

1. 试验设计及试验装置

本次依托华中科技大学国家脉冲强磁场科学中心（筹）进行试验。根据本试验的研究特点以及试验条件设计如下试验系统方案，大致分为三个部分：①储能模块，对电容器组进行充电储存电能；②控制模块，对充放电进行开关控制以及对试验过程中各个参数实时进行反馈与测量；③放电模块，主要包含线圈与续流回路，续流回路目的在于消耗多余的电能，避免反充影响电容器组的工作寿命，如图 6.21 所示。具体试验装置如下一一进行展示。

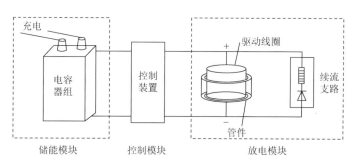

图 6.21　试验系统设计方案

其中电容器型电源电容为 320 μF，由 2 个 160 μF 电容器并联连接，其最大容量为 200 kJ，最大放电电压为 25 kV，触发开关为晶闸管，其装置如图 6.22（a）～（c）所示。A6061 铝合金管件硬度较大，成形过程中容易开裂，所以试验前对管件进行退火处理，图 6.22（e）为退火炉，管件随炉 45 min 中温度升至 380 ℃，20 min 温度升至 400 ℃，接着保温 2h，然后随炉冷却。续流电阻使用 3 个 0.8 Ω 电阻并联而成（图 6.22（d）），最后用铜线将驱动线圈与上述外电路装置进行连接（图 6.22（f）），试验所需的所有步骤均设置完毕。

(a) 电容器　　　　　　　　　(b) 控制装置　　　　　　　　　(c) 操作系统

(d) 续流电阻　　　　　　(e) 退火炉　退火炉　　　　　　(f) 线路连接

图 6.22　试验设备

电磁成形过程中，驱动线圈在为工件提供电磁力的同时，其自身也处于高电压、大电流和高应力等极其严苛的工作条件，其结构强度必须得到保证，以便延长其工作寿命。图 6.23 为成形系统的工装方案，首先按照方案设计加工线圈骨架、钢制模具与相应规格的铝合金管件，如图 6.24（a）所示；然后对线圈进行绕制，线圈的绕制工作尤为重要，既要符合设计要求，其结构强度也要得到满足。绕制过程如图 6.24（b）所示，选择截面 2 mm×4 mm 规格的铜线，出线预留一定长度后折为 90°，从骨架出线口引出固定在绕线机上，导线与线圈绕制方向保持水平，并由阻力机对其施加预应力，保证导线与骨架紧密贴合；绕制过程中每绕完一层，需要对线圈间隙进行填充玻璃纤维，并使用配制好的环氧固化剂进行涂刷，保证线圈结构紧凑；当导线绕制完成后，外圈缠绕绝缘胶，再使用高强度纤维柴龙进行环绕加固，冷却凝固后对线圈进行组装，对空隙处灌黑胶，此时驱动线圈完成了其加工步骤，绕制完成后的驱动线圈如 6.24（c）所示。

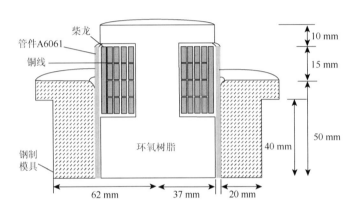

图 6.23　试验工装实施方案

(a) 线圈骨架与模具

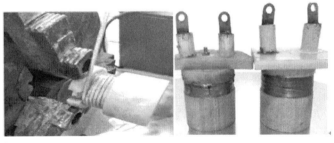

(b) 绕制导线　　　　　　　　(c) 驱动线圈

图 6.24　线圈绕制工作

2. 试验结果

通过上述仿真分析，当管件的翻边效果最好时，单线圈匝数为 6，高于管件端部 2 匝的高度即可，所以本节使用匝数分别为 4 匝与 6 匝的单线圈进行管件电磁翻边对比试验。但是线圈绕制所需铜线的高度仅为 4 mm，且线圈绕制时需要留以裕量，而且成形系统装配时也有存在稍许偏差，为了减小误差，突出研究重点，绕制过程中尽量让线圈贴合紧密。为了增大对比的合理性，设置不同的放电电压，从而得到两组不同的成形管件，对其翻边效果进行对比分析；图 6.25 中，分别进行 6 组对比，共 12 次放电成形试验，放电电压依次为 3 kV、3.3 kV、3.5 kV、3.8 kV、4 kV、5 kV，通过对比可以看出，在同一放电电压下 6 匝线圈较 4 匝线圈翻边效果好。

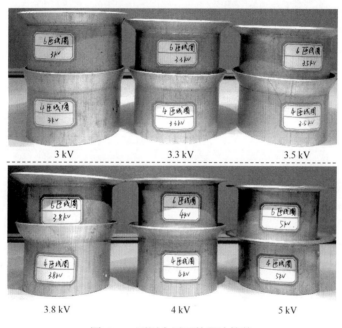

图 6.25　不同电压下的翻边管件

选取其中 4 组管件，对其端口直径以及翻边角度进行测量，图 6.26 为选取的 4 组翻边管件，表 6.4 为测量数据。试验设定的翻边长度为 15 mm，由于试验误差以及管件材料自身的约束，实际完成翻边的长度为 13.5 mm。放电电压的增大，电源提供的总电能增加，转化给管件的机械能也随之增加，所以管件翻边角度逐渐趋于 90°，翻边效果越来越好。放电电压为 3 kV 时，4 匝线圈的管件端口直径为 84.62 mm，翻边角度为 15.6°，端口直径增加了 5.62 mm；6 匝线圈的管件端口直径为 92.90 mm，翻边角度为 31.2°，端口直径增加了 13.9 mm。放电电压 3.5 kV 时，4 匝线圈的管件端口直径为 92.50 mm，翻边角度为 30.0°，端口直径增加了 13.50 mm；6 匝线圈的管件端口直径为 100.88 mm，翻边角度为 53.9°，端口直径增加了 21.88 mm。放电电压为 4 kV 时，4 匝线圈的管件端口直径为 96.64 mm，翻边角度为 40.8°，端口直径增加了 17.64 mm；6 匝线圈的管件端口直径为 105.86 mm，翻边角度为 90°，端口直径增加了 26.86 mm。当放电电压为 4 kV 时，两者端口直径几乎相等，且翻边角度均为 90°。

图 6.26　翻边管件对比图

表 6.4　管件形变结果

放电电压/kV		3	3.5	4	5
4 匝线圈	端口直径/mm	84.62	92.50	96.64	106.12
	翻边角度/(°)	15.6	30.0	40.8	90
6 匝线圈	端口直径/mm	92.90	100.88	105.86	106.22
	翻边角度/(°)	31.2	53.9	90	90

　　通过上述数据分析可得，放电电压保持一致时，6 匝线圈的端口直径与翻边角度都较 4 匝线圈大，说明 6 匝线圈下的翻边效果好。管件端口翻边为 90°时，4 匝线圈的放电电压为 5 kV，6 匝线圈的放电电压仅为 4 kV，成形所需的总电能也相对减小。试验结果与前面仿真分析的规律相一致，仿真的相关结论得到了试验验证。图 6.27 为管件翻边前后对比图。

(a) 正视图　　　　　　　　　　　　　　(b) 俯视图

图 6.27　管件翻边前后对比

6.2.5　小结

　　本节首先介绍了电磁翻边成形有限元建模方法，然后基于有限元分析软件 COMSOL

Multiphysics，建立了多物理场耦合模型，包含管件电磁翻边过程的电路模型、电磁场模型和结构场模型，并确定了全耦合法的计算流程。随后，分别建立了电磁翻边成形模型，详细对比了线圈匝数、放电电压对管件电磁翻边成形的影响，重点分析了不同情况下的磁场强度与电磁力大小与分布情况。接着，开展了多组管件电磁翻边试验，通过改变放电电压，研究了不同匝数线圈下的电磁翻边效果，对上述仿真的结论进行验证。最后，通过研究得到了以下结论：

（1）同一放电电压下，线圈匝数增加，管件受到的径向电磁力总量呈减小趋势，但其轴向力总量大幅度增加，且管件端口受轴向电磁力影响的范围也逐渐增加。

（2）当保证管件形变量相同时，线圈匝数改变所需的放电电压也不同。当线圈匝数为 6 时，提供的放电电压最小，所需的总电能也最小；线圈匝数增加，为了达到相同形变量其放电电压也要随之增加。

（3）通过归一化分析可得，管件翻边成形过程都与径向电磁力与轴向电磁力密不可分。并非单一的径向或者轴向电磁力可以起到决定性的作用，此例中适当的增加轴向电磁力，有助于管件得到更好的翻边成形效果，且存在一个最优的线圈匝数，电磁翻边成形效果最佳，所需的总电能最小。

（4）通过试验分析可得，相同电压下 6 匝线圈的翻边效果优于 4 匝线圈，且 6 匝线圈完成翻边所需的总电能最小。试验结果验证了上述仿真分析得出的理论。

6.3　基于双线圈管件电磁翻边仿真

通过 6.2 节的分析可知，引入轴向电磁力可有助于管件翻边成形。依照绪论中介绍的多时空强磁场电磁力加载方式，在单一径向力线圈基础上，在管件端部另外放置一轴向力线圈，另外为管件翻边提供所需的轴向力。以下对双线圈进行串联同一电源供能与双线圈不同电源单独供能分别进行仿真分析，与单线圈对比得出最佳的电磁翻边成形方案。其方案如图 6.28 所示。

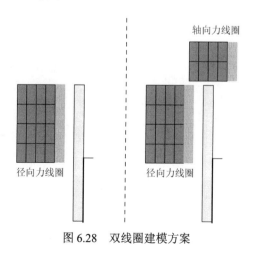

图 6.28　双线圈建模方案

6.3.1 双线圈串联下管件电磁翻边分析

双线圈串联管件电磁翻边中,将径向力线圈与轴向力线圈进行串联,由同一套电源进行供能。为了突出轴向力线圈的作用,增加两者可比性,设定电路中的电流保持不变,因此便于观察径向电磁力与轴向电磁力在管件翻边中的变化。

如图 6.29 所示,当两套系统中的电流相同时,径向力线圈施加在管件上的径向电磁力峰值为 40.6 kN,轴向电磁力峰值为 5.9 kN;双线圈施加在管件上的径向电磁力峰值为 56.3 kN,轴向电磁力峰值为 56.5 kN。轴向力线圈的引入,不但使得管件受到的径向电磁力增加,其轴向电磁力几乎增加了 10 倍。图 6.30 为电流相同时管件的翻边效果,双线圈较单线圈匝数增加,其电阻与电感也随之增加,翻边成形所需的电压更大。当电压为 3.1 kV 时,双线圈下的管件可实现翻边成形;但此时单线圈下的施加的电磁力不足,不能得到良好的翻边效果。

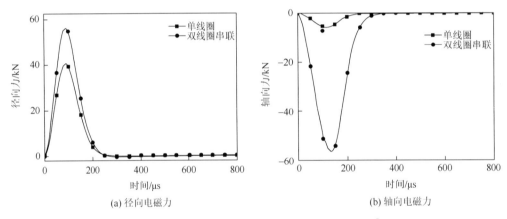

(a) 径向电磁力   (b) 轴向电磁力

图 6.29 电磁力对比

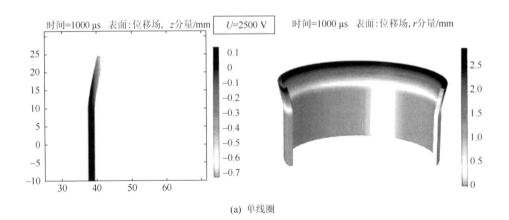

(a) 单线圈

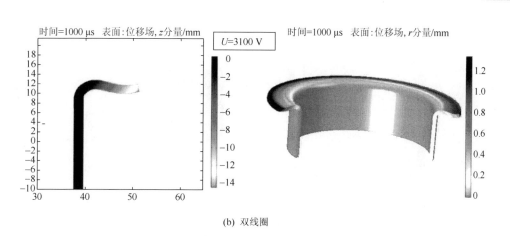

(b) 双线圈

图 6.30　相同电流下管件翻边对比图

6.3.2　双线圈双电源下管件电磁翻边分析

双线圈双电源管件电磁翻边中，将径向力线圈与轴向力线圈由两个电源分别进行供能。为了突出轴向力线圈的作用，增加两者可比性，径向力线圈中的电流与 6.3.1 小节设置相同，调节轴向力线圈的电压，管件实现翻边成形后，分析径向力与轴向力的变化。

如图 6.31 所示，当径向力线圈中的电流相同时，径向力线圈施加在管件上的径向电磁力峰值为 40.6 kN，轴向电磁力峰值为 5.9 kN；双线圈施加在管件上的径向电磁力峰值为 51.4 kN，轴向电磁力峰值为 54.9 kN。轴向力线圈的引入，管件受到的径向电磁力也有所增加，其轴向电磁力大幅度增加。图 6.32 为双线圈下管件的翻边效果，当轴向力线圈的电压 U_r 为 2.5 kV 时，单线圈下的管件不能完成翻边成形，但是当轴向力线圈 U_z 为 2.2 kV 时，管件实现了翻边成形。

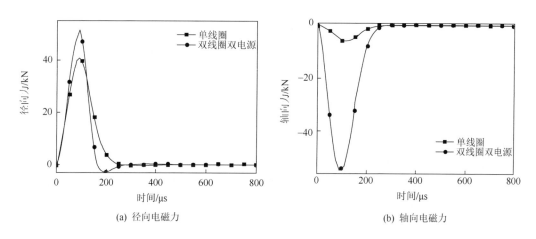

(a) 径向电磁力　　　　　　　　　　　　　(b) 轴向电磁力

图 6.31　电磁力对比

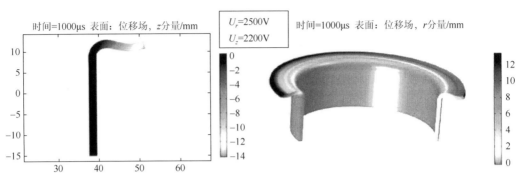

图 6.32　双线圈双电源下的翻边管件

6.3.3　小结

通过上述分析可知，当径向力线圈结构被限制或管件尺寸受到约束，施加的电磁力不足时，轴向力线圈的引入有助于管件进行翻边成形。但是，与单线圈电磁翻边比较起来，双线圈系统的工装较为烦琐，控制配合也稍复杂，不适合常规化、大规模、工业化的管件翻边制造。优化单线圈结构足以满足管件翻边成形的要求，且工装简单，控制方便。

双线圈电磁翻边可以满足特殊管件翻边成形需求，且大幅度增加的轴向电磁力可对管件翻边过程中管壁减薄起到一定的抑制效果；进一步分析其电磁力的施加过程与电磁力分布，优化双线圈的结构和空间位置，得到与管件翻边相匹配的力场，降低能耗，得到更好的翻边成形效果。双线圈管件翻边的成形机理和规律还需后续深入研究。

参考文献

[1]   SAITO M，IWATSUKI S，YASUNAGA K，et al. Development of aluminum body for the most fuel efficient vehicle[J]. JSAE Review，2000，21（4）：511-516.

[2]   王孟君，黄电源，姜海涛. 汽车用铝合金的研究进展[J]. 金属热处理，2006，31（9）：34-38.

[3]   丁向群，何国求，陈成澍，等. 6000 系汽车车用铝合金的研究应用进展[J]. 材料科学与工程学报，2005，23（2）：302-305.

[4]   MAMALIS A G，MANOLAKOS D E，KLADAS A G，et al. Electromagnetic forming and powder processing：Trends and developments[J]. Applied Mechanics Reviews，2004，57（4）：299-324.

[5]   GOLOVASHCHENKO S F. Material formability and coil design in electromagnetic forming[J]. Journal of Materials Engineering and Performance，2007，16（3）：314-320.

[6]   BALANETHIRAM V S，HU X Y，ALTYNOVA M，et al. Hyperplasticity：Enhanced formability at high rates[J]. Journal of Materials Processing Technology，1994，45（1-4）：595-600.

[7]   SETH M，VOHNOUT V J，DAEHN G S. Formability of steel sheet in high velocity impact[J]. Journal of Materials Processing Technology，2005，168（3）：390-400.

[8]   MYNORS D J，ZHANG B. Applications and capabilities of explosive forming[J]. Journal of Materials Processing Technology，2002，125-126（9）：1-25.

[9]   KAPITZA P L. A method of producing strong magnetic fields[J]. Proceedings of the Royal Society of London. Series A，Containing Papers of a Mathematical and Physical Character，1924，105（734）：691-710.

[10]   HARVEY G W，BROWER D F. Metal forming device and method：2976907[P/OL]. 1958-08-28[2020-17-17]. http：www. freepatentsonline. com/2976907. html.

[11]   SHANG J H. Electromagnetically assisted sheet metal stamping[D]. Columbus：The Ohio State University，2006.

[12]   BESSONOV N，DAVIES R，GOLOVASHCHENKO S. Analysis of blank-die contact interaction in pulsed forming processes[C]. 3rd International Conference on High Speed Forming，2008：3-12.

[13]   TAWFIK H，HUNG Y，MAHAJAN D. Metal bipolar plates for PEM fuel cell：A review[J]. Journal of Power Sources，2007，163（2）：755-767.

[14]   MERKLEIN M，GEIGER M. New materials and production technologies for innovative lightweight constructions[J]. Journal of Materials Processing Technology，2002，125-126（9）：532-536.

[15]   NEUGEBAUER R，LÖSCHMANN F，PUTZ M，et al. A production-oriented approach in electromagnetic forming of metal sheets[C]. 2nd International Conference on High Speed Forming，2006：129-139.

[16]   HARTMANN W，POHL F，RÖMHELD M. High-current capability of coaxial cables in magnetoforming applications[C]. 3rd International Conference on High Speed Forming，2008：265-272.

[17]   叶克武. 高能成型工艺[J]. 机械制造，1962（5）：38-40.

[18]   江洪伟，李春峰，赵志衡，等. 电磁成形技术的最新进展[J]. 材料科学与工艺，2004，12（3）：327-331.

[19]   欧阳伟，黄尚宇. 电磁成形技术的研究与应用[J]. 塑性工程学报，2005，12（3）：35-40.

[20]   韩飞，莫健华，黄树槐. 电磁成形技术在汽车制造中的应用[J]. 塑性工程学报，2006，13（5）：100-105.

[21]   LI L，HAN X T，CAO Q L，et al. Development of space-time-controlled multi-stage pulsed magnetic field forming and manufacturing technology[C]. 5th International Conference on High Speed，2012.

[22]   李硕本，李春峰，张守彬，等. 7200 焦耳电磁成形机的研制[J]. 锻压机械，1989，1（9）：25，26.

[23]   舒行军. 电磁成形计算机仿真及工艺参数优化研究[D]. 武汉：武汉理工大学，2002.

[24]   PSYK V，BROSIUS A，BROER C，et al. Electromagnetic compression of magnesium tubes and process-related improvement of wrought alloys by micro-alloying[C]. 7th International Conference on Magnesium Alloys and their Applications，2006：909-915.

[25]   FURTH H P，LEVINE M A，WANIEK R W. Production and use of high transient magnetic fields. II[J]. Review of Scientific Instruments，1957，28（11）：949-958.

[26]   DAEHN G S，VOHNOUT V J，HERMAN E A. Hybrid matched tool-electromagnetic forming apparatus incorporating electromagnetic actuator：US6128935[P/OL]. 2000-10-10[2020-1-17]. http：//www. wanfangdata. com. cn/details/detail.

do?_patent&id=US19980135140.

[27] KAMAL M，DAEHN G S. A uniform pressure electromagnetic actuator for forming flat sheets[J]. Journal of Manufacturing Science and Engineering：Transactions of the ASME，2007，129（2）：369-379.

[28] PSYK V，BEERWALD C，HENSELEK A，et al. Integration of electromagnetic calibration into a deep drawing process of an industrial demonstrator part[M]. Switzerland：Key Engineering Materials，2007，344：435-442.

[29] BAUER D. Elektromagnetisches umformen：Entwicklungsstand und，tendenz[J]. Maschinenmarkt，1980，86：190-193.

[30] BEERWALD H，BEERWALD M，Henselek A. Dividable winding reel for generation of strong pulse magnetic field for compression of metal pipes，has electric contact surfac[P]. 2000，German Patent，19919301.

[31] GOLOVASHCHENKO S，DMITRIEV V，CANFIELD P，et al. Apparatus for electromagnetic forming with durability and efficiency enhancements[P]. 2006，US Patent 2006086165.

[32] GOLOVASHCHENKO S，BESSONOV N，DAVIES R. Design and testing of coils for pulsed electromagnetic forming[C]. 2nd International Conference on High Speed Forming，2006：141-151.

[33] LEBEDEV G，KOMAROV A，ISAROVIC G，et al. Umbördeln der öffnungen und des außenrandes von blechteilen durch magnetumformung[J]. Umformtechnik，1970，4（6）：13-20.

[34] MURAKOSHI Y，TAKAHASHI M，SANO T，et al. Inside bead forming of aluminum tube by electro-magnetic forming[J]. Journal of Materials Processing Technology，1998，80-81（1）：695-699.

[35] ZHANG S B，NEJISHI H. Inside beading of a hexagonal tube by electromagnetic forming[J]. Acta Metallurgica Sinica（English Letters），2000，13（1）：328-334.

[36] HASHIMOTO Y，HATA H，NEGISHI H，et al. Local deformation and buckling of a cylindrical Al tube under magnetic impulsive pressure[J]. Journal of Materials Processing Technology，1999，85：209-212.

[37] DAEHN G S，EGUIA I，ZHANG P H. Improved crimp-joining of aluminum tubes onto mandrels with undulating surfaces[C]. 1st International Conference on High Speed Forming，2004：161-170.

[38] BARREIRO P，SCHULZE V，LÖHE D，et al. Strength of tubular joints made by electromagnetic compression at quasi-static and cyclic loading[C]. 2nd International Conference on High Speed Forming，2006：107-116.

[39] PSYK V，BEERWALD C，HOMBERG W，et al. Investigation of the process chain bending-electromagnetic compression-hydroforming on the basis of an industrial demonstrator part[C]. 2nd International Conference on High Speed Forming，2006：117-127.

[40] BEERWALD C，BROSIUS A，KLEINER M，et al. On the significance of the die design for electromagnetic sheet metal forming[C]. 1st International Conference on High Speed Forming，2004：191-200.

[41] DAEHN G S，HATKEVICH S，SHANG J，et al. Commercialization of fuel cell bipolar plate manufacturing by electromagnetic forming[C]. 4th International Conference on High Speed Forming，2010：47-56.

[42] Schäfer R.，Pasquale P. Die Elektromagnetische Puls Technologie im industriellen Einsatz[R/OL]. Whitepaper PSTproducts GmbH，2009，http://www. pstproducts. com.

[43] PASQUALE P，SCHÄFER R. Electromagnetic pulse forming technology. Keys for allocating the industrial market segment[C]. 4th International Conference on High Speed Forming，2010：16-25.

[44] BRADLEY J，CHENG V，DAEHN G S，et al. Design，construction，and applications of the uniform pressure electromagnetic actuator[C]. 2nd International Conference on High Speed Forming，2006：217-225.

[45] VOHNOUT V，SHANG J H，DAEHN G S. Improved formability by control of strain distribution in sheet stamping using electromagnetic impulses[C]. 1st International Conference on High Speed Forming，2004：211-220.

[46] 于海平，李春峰，江洪伟，等. 铝合金筒形件磁脉冲校形研究[C]. 第三届十省区市机械工程学会科技论坛暨黑龙江省机械工程学会 2007 年年会，2007：436-443.

[47] 黄尚宇，常志华，田贞武，等. 管坯电磁成形电磁力解析[J]. 中国机械工程，2000，11（10）：1169-1172.

[48] 何文治，莫健华，崔晓辉，等. 管件电磁成形中温度变化的模拟研究[J]. 电加工与模具，2011，（1）：32-36.

[49] 张敏，陆辛. 电磁脉冲驱动力在微成形工艺中的试验研究[J]. 锻压技术，2009，34（3）：72-74.

167

[50]　初红艳，潘凤文，费仁元，等. 电磁冲裁成形与普通冲裁成形的分析比较[J]. 锻压技术，2001，26（1）：28-30，35.

[51]　AL-HASSANI S T S. Magnetic pressure distributions in sheet metal forming[J]. Electrical Methods of Machining，Forming and Coating，1975：1-10.

[52]　TAKATSU N，KATO M，SATO K，et al. High-speed forming of metal sheets by electromagnetic force[J]. The Japan Society of Mechanical Engineers，1988，31（1）：142-148.

[53]　LATRECHE M E，BENDJIMA B，AZZOUZ F，et al. Application of macro-element and finite element coupling for the behavior analysis of magnetoforming systems[J]. IEEE Transactions on Magnetics，1999，35（3）：1845-1848.

[54]　FENTON G K，DAEHN G S. Modeling of electromagnetically formed sheet metal[J]. Journal of Materials Processing Technology，1998，75（1-3）：6-16.

[55]　OLIVEIRA D A，WORSWICH M J，FINN M，et al. Electromagnetic forming of aluminum alloy sheet：Free-form and cavity fill experiments and model[J]. Journal of Materials Processing Technology，2005，170（1）：350-362.

[56]　SVENDSEN B，UNGER J，STIEMER M，et al. Multifield modeling of electromagnetic metal forming processes[J]. Journal of Materials Processing Technology，2006，177（1-3）：270-273.

[57]　UNGER J，STIEMER M，REESE S，et al. Strategies for 3D simulation of electromagnetic forming processes[J]. Journal of Materials Processing Technology，2008，199（1-3）：341-362.

[58]　于海平，李春峰. 管件电磁成形数值模拟方法及缩径变形分析[J]. 材料科学与工艺，2004，12（5）：536-539.

[59]　崔晓辉，莫健华，王波，等. 基于松散耦合法的电磁平板成形 3D 有限元仿真[J]. 机械工程学报，2011，47（16）：45-51.

[60]　BROSIUS A，DEMIR O K，KILICLAR Y，et al. Combined simulation of quasi-static deep drawing and electromagnetic forming by means of a coupled damage-viscoplasticity model at finite strains[C]. 5th International Conference on High Speed Forming，2012：325-333.

[61]　LI L，HAN X T，CAO Q L，et al. Development of space-time-controlled multi-stage pulsed magnetic field forming and manufacturing technology at the WHMFC[C]. 5th International Conference on High Speed Forming，2012：53-58.

[62]　KAMAL M，DAEHN G S. A uniform pressure electromagnetic actuator for forming flat sheets[J]. Journal of Manufacturing Science and Engineering，2007，129（2）：369-379.

[63]　KAMAL M，SHANG J H，GOLOWIN S，et al. Application of a uniform pressure actuator for electromagnetic processing of sheet metal[J]. Journal of Materials Engineering & Performance，2007，16（4）：455-460.

[64]　WEDDELING C，HAHN M，DAEHN G S，et al. Uniform pressure electromagnetic actuator‐an innovative tool for magnetic pulse welding[C]. International Conference on Manufacturing of Lightweight Components-Manulight，2014，18：156-161.

[65]　邱立，肖遥，邓长征，等. 一种高效率板件电磁成形方法及装置：CN105880348A[P/OL]. 2016-08-24[2020-01-17]. http：//www. wanfangdata. com. cn/details/detail. do?_type=patent&id=CN201610377626. 3.

[66]　ZHANG Z L，HAN X T，CAO Q L，et al. Design，fabrication，and test of a high-strength uniform pressure actuator[J]. IEEE Transactions on Applied Superconductivity，2016，26（4）：1-5.

[67]　LAI Z P，HAN X T，CAO Q L，et al. The electromagnetic flanging of a large-scale sheet workpiece[J]. IEEE Transactions on Applied Superconductivity，2013，24（3）：1-5.

[68]　XIAO Y，QIU L，WANG F Z，et al. Analysis of electromagnetic force and experiments in electromagnetic forming with local loading[J]. International Journal of Applied Electromagnetics and Mechanics，2018，57（1）：29-37.

[69]　AHMED M，PANTHI S K，RAMAKRISHNAN N，et al. Alternative flat coil design for electromagnetic forming using FEM[J]. Transactions of Nonferrous Metals Society of China，2011，21（3）：618-625.

[70]　QIU L，YU Y J，XIONG Q，et al. Analysis of electromagnetic force and deformation behavior in electromagnetic tube expansion with concave coil based on finite element method[J]. IEEE Transactions on Applied Superconductivity，2018，28（3）：1-5.

[71]　LAI Z P，CAO Q L，ZHANG B，et al. Radial lorentz force augmented deep drawing for large drawing ratio using a novel dual-coil electromagnetic forming system[J]. Journal of Materials Processing Technology，2015，222：13-20.

[72]   LAI Z P, CAO Q L, HAN X T, et al. Investigation on plastic deformation behavior of sheet workpiece during radial Lorentz Force Augmented Deep Drawing Process[J]. Journal of Materials Processing Technology，2017，245：193-206.

[73]   CUI X H, LI J J, MO J H, et al. Incremental electromagnetic-assisted stamping（IEMAS）with radial magnetic pressure: A novel deep drawing method for forming aluminum alloy sheets[J]. Journal of Materials Processing Technology，2016，233：79-88.

[74]   THOMAS J D, SETH M, DAEHN G S, et al. Forming limits for electromagnetically expanded aluminum alloy tubes: Theory and experiment[J]. Acta Materialia，2007，55（8）：2863-2873.

[75]   YANG Y Q，QIU L，SU P，et al. Analysis of electromagnetic force and deformation behavior in electromagnetic forming with different coil systems[J]. International Journal of Applied Electromagnetics and Mechanics，2018，57（3）：337-345.

[76]   肖遥. 轴向压缩式管件磁脉冲胀形电磁力分布规律与材料成形试验研究[D]. 宜昌：三峡大学，2017.

[77]   CUI X H, MO J H, LI J J, et al. Tube bulging process using multidirectional magnetic pressure[J]. International Journal of Advanced Manufacturing Technology，2017，90（5-8）：2075-2082.

[78]   CAO Q L, LAI Z P, XIONG Q, et al. Electromagnetic attractive forming of sheet metals by means of a dual-frequency discharge current：Design and implementation[J]. International Journal of Advanced Manufacturing Technology，2017，90（1-4）：309-316.

[79]   XIONG Q，TANG H T，DENG C Z, et al. Electromagnetic attraction-based bulge forming in small tubes：Fundamentals and simulations[J]. IEEE Transactions on Applied Superconductivity，2018，28（3）：0600505.

[80]   熊奇. 大尺寸铝合金板件电磁成形设计与实现[D]. 武汉：华中科技大学，2016.

[81]   LAI Z P, HAN X T，CAO Q L, et al. The electromagnetic flanging of a large-scale sheet workpiece[J]. IEEE Transactions on Applied Superconductivity，2014，24（3）：1-5.

[82]   肖后秀，李亮. 脉冲磁体的电感计算[J]. 电工技术学报，2010，25（1）：14-18.

[83]   CUI X H，FANG J X，MO J H, et al. Large-scale sheet deformation process by electromagnetic incremental forming combined with stretch forming[J]. Journal of Materials Processing Technology，2016，237：139-154.

[84]   SU H L, HUANG L, LI J J, et al. Two-step electromagnetic forming: A new forming approach to local features of large-size sheet metal parts[J]. International Journal of Machine Tools and   Manufacture，2018，124：99-116.

[85]   Shang J，Daehn G. Electromagnetically assisted sheet metal stamping[J]. Journal of Materials Processing Tech，2010：868-874.

[86]   GOLOVASHCHENKO S F. Material formability and coil design in electromagnetic forming[J]. Journal of Materials Engineering and Performance，2007，16（3）：314-320.

[87]   QIU L. Design and experiments of a high field electromagnetic forming system[J]. IEEE Transactions on Applied Superconductivity，2012，22（3）：1-4.

[88]   GIES S，LÖBBE C，WEDDELING C，et al. Thermal loads of working coils in electromagnetic sheet metal forming[J]. Journal of Materials Processing Technology，2014，214（11）：2553-2565.

[89]   GOLOVASHCHENKO S F, BESSONOV N, DAVIES R. Design and testing of coils for pulsed electromagnetic forming[C]. 2nd International Conference on High Speed Forming，2006.

[90]   LI L, XIONG Q, HAN X T, et al. Analysis and reduction of coil temperature rise in electromagnetic forming[J]. Journal of Materials Processing Technology，2015，225：185-194.